超市料理攻略

日日減醣

減醣食材這樣買！
跟著圈媽做減醣料理，
吃著吃著就瘦了！

張晴琳
（圈媽）
——著

Content

Part 1

日日減醣
瘦身好觀念

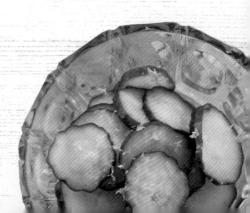

Part 4

豬肉料理

Part 5

牛肉料理

Part 6

海鮮料理

Part 7

減醣甜點

低醣飲食，安全有效的瘦身法

雖然我的身分是營養師，但在產後我也遇上了「永遠減不下來的三公斤」，在長達兩年的體重遲滯期中，體重數字起起伏伏的頗令人沮喪，因此我研究了非常多的減肥飲食法，最後終於找到了適合自己的減肥方法，那就是低醣飲食。

低醣飲食瘦身法是目前營養師們公認較安全的一種減肥方式，我藉由低醣飲食搭配間歇性的運動，在 1 個月內減下了 2 公斤，就連體脂肪也降了 5%，成效非常好。在減肥成功後我也沒有懈怠，平日維持著低醣飲食的原則，在假日依舊會跟家人朋友聚餐，也沒有復胖的跡象，因此我很推薦大家使用低醣飲食來控制體重。

有了自己的減肥經驗後，我便很有信心的跟大家推薦低醣飲食，在我推廣的過程裡，最常遇到民眾的問題就是「分量與醣量不會計算」，因此我會寫簡易菜單供大家參考，但廚藝平平的我設計低醣餐的方式，就是建議大家將食材燙過之後，再拌橄欖油或是加堅果來吃，搬不上檯面的減醣餐可能會讓一些想減肥但又追求美食的人退步，實屬可惜。

我常常在想如果能有一身好廚藝，就能以介紹美食般的方式推廣低醣飲食，這會是多棒的事情啊！因此我很積極的翻閱食譜書籍，努力學習料理技巧，希望可以盡我所能的推廣低醣飲食，就在此時「采實文化出版社」跟我推薦了圈媽的這本減醣料理食譜，讓我大開了眼界。

此次非常榮幸能協助計算圈媽的減醣食譜熱量，藉由計算熱量的過程，我看到圈媽用心的編排與調配，除了設計大家容易取得的原型食物以外，詳細的講解烹調步驟讓廚房新手也能很快上手，也讓低醣飲食不再是水煮後再加油添醋的平淡料理，而是秀色可餐的美味佳餚。每天都要煮飯的我也挑了幾道食譜上的菜色進行料理，成品頗受家人好評，孩子還說「媽媽終於變換菜色了」，實在是很不給我面子，不過沒關係，因為這本食譜書讓我的廚藝功力大增，也讓我更能沉浸在料理的喜悅之中。

從事營養教育達十六年的我，也曾遇過有人從完全不接觸營養學，到最後可利用健康飲食全面照顧自己與家人的健康，並且樂在其中，這是非常激勵人心的故事，而圈媽就是一個非常典型的成功案例，除了實行健康飲食在自己與家人的身上外，還能夠推廣於大眾，我真心的佩服。

如果你想執行低醣飲食，但對於營養學的觀念不太熟悉，建議你可選擇圈媽的減醣料理，按照食譜採買與製作便能輕鬆上手，也可以瘦身愉快。

魔膳健康廚房負責人暨總營養師　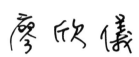

Instagram：jessie_magicdiet
Facebook：欣儀的營養聊天室

學習減醣料理，
把減醣變成長久的飲食習慣

圈媽今年四十一歲了，逆齡樂活是每個人都願意追求的，但有多少人付諸實行？又有多少人有幸成功？

甩掉 18 公斤不稀奇，不復胖才是重點！

二〇一七年，我憑藉著生酮飲食，吃飽吃好，健康減重，順利減脂，十八公斤在短短不到半年離我而去；二〇一八年低醣生酮，維持好體態，擇食不節食、享瘦不復胖；二〇一九年持續低醣擇食，並將心得、食譜集結成《日日減醣瘦身料理》一書，希望能透過不同管道，幫助更多人認識低醣飲食，健康享瘦。

二〇二〇年，圈媽沒有復胖、一樣健康活躍，唯獨本性懶散尚未克服。因為飲食習慣的改變，以及生活化低醣生酮的助攻，除了滿足口慾還能兼顧身材。對女人（男人其實也是吧）而言，還有什麼比這更幸福、更夢幻？照片會說話，我就不贅言。

讓低醣飲食成為一種生活習慣，維持身材很簡單

低醣是一種飲食上的選擇，就如同蔬食者、奶素者、嗜肉者、地中海飲食或根治飲食等等，它只是種個人飲食習慣。甚至我的低醣「眉角」說起來比一般飲食還注重營養均衡、餐盤比例配置。

也就是因為我對低醣擇食的心得與堅持，減醣幅度夠

2016 年，低醣前胖胖的我。

2019 年，用低醣飲食瘦身成功的我。

2020 年，每天快樂吃、不用擔心身材的我。

大、時間夠長，致使我的身體能產酮用酮，進而燃燒脂肪，跟利用機能或功能性產品製造的外源性酮症完全不同，而是一種很自然的身體運作機制。

大道理跟科學驗證我不擅長，但是我可以用簡單的方法示範怎麼煮、怎麼吃、怎麼選擇。靠著上菜市場、超市或外食擇食完成飲食改變計畫，希望能幫助大家都能邁向輕鬆無負擔的低醣健康之路，因此有了這本書的誕生。

利用超市家常平價食材，做出多變減醣料理

我煮菜的食材都很平易近人，因為我只是個媽媽，只會逛超級市場跟菜市場。對於很多小資女、上班族、廚藝新手來說，上傳統市場可能不是這麼方便，或是不知道該怎麼買，這時超級市場就是一個便利、門檻低的好選擇。

讓減醣更貼近生活，利用超市可輕易購得的食材，及烘焙行、網拍常見的原料，用簡單的方式、多樣的食材、基本的材料、原型的食物，製作美味的料理，健康的減醣。這本書中大部分的食材，在你家附近的超市就能買得到，調味料也可以自行變化，家裡有什麼就用什麼，缺少的不加也沒關係！希望這些食譜可以幫助大家一起健康吃，順便消耗脂肪，而不是銀兩。用簡單的料理方式輕鬆上菜，讓你的減醣飲食可以持之以恆。

健康很簡單，減醣就可以

不管是在網路上成立粉絲專頁，或是出書分享，都是基於感恩老天給我重生的機會，只有在無望深淵掙扎過的人，才懂那種看不見盡頭的茫然與無助。因為我經歷過並幸運走出來，所以希望能幫助更多人少走冤枉路。

「健康很簡單，減醣就可以」！當初的圈媽很膚淺，只想瘦，想減肥，但因為飲食的改變，不到半年我就變身成功，也愛上低醣生酮，所以後來的我才瞭解「健康是一輩子的事，減重只是附加價值」，不管你的目的是什麼，先戒糖、先減醣，然後你就能感受到截然不同的人生。

藉著這本《日日減醣超市料理攻略》，一起纖吃纖盈不復胖。改變其實沒有想像中困難，你只是還不願相信有真有那麼簡單。你準備好一起減醣了沒？

張晴琳 Yolanda

Low-Carb

Part 1

日日減醣
瘦身好觀念

Diet Plan

減醣、低醣、生酮，
有何不同？

常有人問我減醣、低醣、生酮有什麼不同？其實就在減醣幅度的多寡，減醣幅度夠就等同低醣，低醣幅度夠自然生酮。

快速搞懂飲食機制

每天飲食攝取 100g 以下的醣質可統稱低醣（會有個體差異），而生酮是一種身體狀態，使用酮體作為身體運作能量。方法很多，例如：極低醣攝取、蛋蛋餐、全肉食、防彈飲食、斷食、高強度運動等等，無法以一種飲食方式概括。

執行低醣質飲食可讓身體自然產生酮體，啟動體內燃脂機制，也就是大家在講的低醣生酮。減醣就是入門，當你減少攝取碳水化合物（尤其是精緻澱粉與精緻糖），那麼就可說跨入減醣門檻了。但光是這樣就對健康與身材有幫助嗎？答案是因人而異的！

每個人對醣質的耐受程度不同，減醣幅度要夠大、夠多，才能看出瘦身成效？所以我的建議是，新手入門或是僅需維持身體現狀者可以實行減醣飲食，希望改善健康或體態者可採取低醣，若想進階到生酮者務必先做好功課，瞭解生酮相關資訊。

✎ 圈媽小叮嚀

不論你選擇減醣、低醣或生酮，飲食方面的大原則是一樣的，如下：

☑ 食材多元，種類輪替 　　　　☑ 原型食物，少加工食品

☑ 攝取足夠的優質蛋白質 　　　☑ 攝取優質的脂肪

☑ 補充膳食纖維

減醣、低醣、生酮前，
你該知道的事

　　如何著手改變飲食？不論你決定減醣、低醣還是生酮，都要先明白下面這些重點。

Point 1 了解什麼是「糖」？什麼是「醣」？

　　「糖」，有各種不同來源，通常帶有甜味就一定有糖，像是葡萄糖、果糖、半乳糖、乳糖、蔗糖、麥芽糖等等。除了可見的晶體如砂糖、紅糖等，水果、蔬菜也都有含有糖，甚至有人工甜味劑，俗稱代糖。

　　「醣」，又稱碳水化合物。通常富含澱粉的食物（像是番薯、馬鈴薯）醣質比較高，而蔬菜、水果會因種類不同而有不同的醣質含量，醣質越高吃起來就越甜。

Point 2 選擇優質醣來源

　　以原型食物為主要食材，可直接看得出食物的原貌、未過度加工的食物，季節性綠葉蔬菜等。再來就是少糖，最好無精緻糖、無精緻澱粉，食物本身含醣量低為優先考量。

　　減少精緻糖、精緻澱粉的攝取，但多醣類纖維質蔬菜則可適量攝取。例如：以根莖類蔬菜與菇類等好醣，取代傳統餐盤中的精緻澱粉。每日淨碳水建議：**生酮期 20g**，**低醣減重期 50g**，**減醣維持期 100g**。但仍有個體差異，請自行依身體感受調整。

可酌量食用的好醣，如：地瓜、南瓜、馬鈴薯、藜麥、藍莓、黑莓等等。

可放心食用的好醣，如：蘿蔔、蕈菇、海藻、番茄、各種時蔬等等。

Point 3　學會計算食物含醣量

一開始進入低醣飲食時，對於食物的含醣量不甚熟悉，可以至衛生服務部網站查詢，進入「食品營養成分查詢」頁面，輸入食材即會顯示其熱量、蛋白質、脂肪等含量，十分方便。要注意的是，我們所謂的含醣量看的是淨碳水化合物，**淨碳水化合物＝總碳水化合物－膳食纖維**，後面的料理食譜中，也有專業的營養師幫大家計算好了，更加一目瞭然。

Point 4　掌握蛋白質攝取量

每 1 公斤體重＝攝取 1g ～ 1.5g 蛋白質，高強度運動與健身者可再拉高。例如：體重 50kg，每日需攝取 50 ～ 75g 蛋白質。

我們需要蛋白質確保身體健康的運作，蛋白質如攝取不足，新陳代謝會變差，導致身體機能下降。而且肌肉、骨骼、血液、臟器、皮膚、指甲、頭髮的構成都需要蛋白質！蛋白質吸收利用率並非 100%，會隨年紀漸長而降低，事實上不少人擔心糖質新生反而造成攝取不足，所以沒多久就聽見身體出現各種狀況。

Point 5 掌握脂肪攝取量

　　想要吃好油，先從換掉家裡廚房用油開始！芥花油、葡萄籽油、玉米油、葵花油、大豆油、菜籽油、氫化植物油等等，因為omega6含量過高，容易引起體內發炎，避免使用。

　　可以使用酥油、草飼奶油、椰子油、豬油、鵝油，或冷壓初榨橄欖油、苦茶油、酪梨油等好油。建議可選擇兩三種用油交替使用，不要單用一樣。

┃認識酸肪酸

飽和脂肪酸	不飽和脂肪酸		
	單元不飽和脂肪酸（人體非必需）	多元不飽和脂肪酸（必需）		反式脂肪（不需）
分類	Omega-9	Omega-3	Omega-6	
來源	動物性油、椰子油	橄欖油、苦茶籽油、酪梨油	魚油、亞麻籽、紫蘇油、奇亞籽	大豆油、玉米油、月見草油、葡萄籽油	人造奶油、奶精、氫化植物油、氫化棕櫚油
攝取比例與作用	可適量攝取，過量造成低密度脂蛋白上升	身體可自行合成，可降低膽固醇	攝取比例為5：1，可抑制身體發炎	攝取比例為5：1，容易造成身體發炎	不需攝取。會造成低密度脂蛋白上升

Point 6 掌握三大營養素的搭配

　　有意識的調配每餐、每天的蛋白質、肪肪、碳水化合物攝取的比例。
☑ 適量蛋白質＋高脂肪＋低碳水化合物
☑ 高蛋白質＋適量脂肪＋低碳水化合物
☒ 脂肪＋高碳水化合物

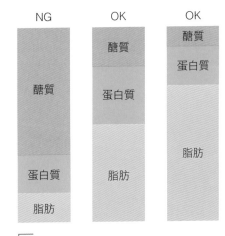

三大營養素比較安全的的搭配吃法

掌握進食順序也很重要，會建議蛋白質與脂肪優先，再來是膳食纖維，澱粉類、醣質偏高的食物放最後吃。

先吃蛋白質有以下好處：

1 蛋白質是身體組成不可獲缺的，而大部分人都攝取不足

2 蛋白質消化吸收時間長，易產生飽足感

3 蛋白質無醣，不引起血糖波動

4 蛋白質讓胃酸分泌，誘導消化流程

先吃脂質有以下好處：

1 脂肪可提供身體所需能量

2 脂肪是人體不可或缺的營養素

3 皮膚的彈性、頭髮的光澤、荷爾蒙的分泌都與脂肪有關

4 脂肪帶來飽足感

如果還沒吃飽則再補充脂肪或增量食物。增量食物指體積大、低醣質、富含膳食纖維的食物，例如：蒟蒻、蕈菇類。除了可提升飽足感，還能促進腸胃蠕動。

減醣了卻瘦不下來？還復胖？為什麼？

　　沒有一個方式能適用所有人，但是依大方向來做延伸與調整，降低醣質攝取是不變的通則。

　　一個習慣養成不易，一旦養成戒除更不易。不論你的飲食控制是為了健康還是減脂，達到一個階段後，停滯是必然的，檢視一下現況是否「已達普遍均標，而非自我心中高標」。

　　如遇到體重卡關、復胖，可能檢視下列因素，找出原因並排除，但如遇健康狀況還是需就醫。

1. 壓力

　　不論來自工作、家庭、感情、生活或育兒，適當的壓力讓人產生動力，但過度的壓力則形成負擔。壓力使身體釋放大量壓力賀爾蒙，增加胰島素阻抗，血糖不穩定、囤積脂肪、憂鬱等等。並抑制副交感神經作用，使腸胃蠕動減弱，影響消化與代謝。

　　情緒壓力使血清素降低，可能造成焦慮，這時下意識在飲食方面渴求高醣、高脂，血糖上升、多巴胺分泌增加，而感覺心情得到緩解，但很快的安慰效果消失就又陷入爆食迴圈。

　　要留意的是，有時太長時間的斷食或是減重短程目標設定過高，也會造成壓力。

解決方法

　　遠離壓力源或找合適的紓壓方式（如：音樂、散步、睡眠、追劇），不要急於速成，穩定的慢慢來最快。

2. 生活習慣不良

　　如熬夜、睡眠不足、生活步調緊張、節食、抽煙、飲酒等等。

解決方法

　　自我檢視並好好改善。

3. 缺乏運動

　　運動好處多多，活動不等於運動，勞動也不等同運動，飲食雖然是維持健康與身材的關鍵因素，但適量運動是有加乘效果的。

解決方法

　　不要太懶，求助專業。先從自己有興趣的運動開始。

4. 精緻醣或隱糖

　　已知精緻醣易導致肥胖或身體發炎，忌口、戒糖只能靠自己，別人再如何幫忙打氣，決定權與執行者都是你，如果在飲食控制上無法拿捏分寸，最好的方式就是不要亂嘗試、多查資料，已知原型食物是相對安全，避開過於複雜的調味及加工食品，基本上不會錯的太離譜。

解決方法

　　如果無甜不歡的人，可攝取少量低 GI 水果滿足口慾，如藍莓、芭樂等。外食多少都有隱糖，不用太害怕，但也不要勇者無畏明知故吃，自己依照個人耐受度斟酌飲食。

5. 酒精攝取

　　酒精也會影響人體的胃腸道、造成肝臟負擔。酒精本身不會中斷酮症，但酒精會優先被人體使用，在酒精吸收代謝完之前，減脂自然是中斷的。

身體為了快速代謝酒精，可能會頻尿且補充更多水分，而排毒需要大量微量元素，身體的微量元素就更容易被稀釋、失衡。

解決方法

喝酒傷身，如果不喝傷心，那就偶爾少量為之，如果是社交需求、心理需求、紓壓需求，請自行斟酌時間、次數與飲用量。

6. 微量元素缺乏（不敢調味）

寡淡無味不等同健康，無調味餐可能很少有人能夠天天吃而不膩，尤其一個飲食方式要建立為長期習慣，好吃、享受是必須的。

我們常推薦使用岩鹽，如玫瑰鹽，正是因為富含豐富微量元素。另外，許多辛香料如薑黃、胡椒亦能幫助提升新陳代謝，但調味也是適量就好，請記住凡事過猶不及。

真的嚴重缺乏某些營養素的話，光靠食療或許量仍不足，這時請依醫囑補充保健食品。

解決方法

烹調時不必刻意重口味或者清淡，選擇好的調味料，除了增添食物風味亦能補充微量元素。

7. 巨量元素缺乏（偏食、節食）

長期吃低卡餐反而會降低身體的新陳代謝，經常性節食可能促使身體產生慢性壓力，血糖值也變得混亂，甚至暴躁、焦慮、飢餓，自我控制力下降，意志力薄弱。

不要長時間固定吃相同的食物，或過於挑食，吃對食物，尤其原型食物，並不會為身體帶來負擔，反而使你健康，因此不要再有少吃會瘦的舊思維，吃對、吃夠才會瘦，「吃飽了才有力氣減肥」這句話是正確的。

　　食材種類應該輪替、多元，儘量挑選當季、高營養密度的食材，利用飲食滿足口慾、撫慰心靈、提升健康。

8. 低醣烘焙過量或代糖依賴

　　在傳統飲食文化中，甜點、點心也不會被視為正餐，相同的，低醣飲食時，低醣烘焙自然也是餐後點心，不該作為正餐。

　　尤其少部分人甜點成癮，雖然使用赤藻糖醇、羅漢果糖或甜菊糖等製作，但味覺上仍是嗜甜，太常吃或吃太多，仍是無法戒除糖癮或糖依賴。

　　另一方面則是，我們平日飲食知道要適量攝取堅果，但當堅果化身堅果粉製作烘焙點心時，你有記得計算自己攝取的堅果量嗎？

解決方法

　　製作時減量或分成小份，減少自己每次食用的量。先吃正餐，魚、蛋、肉、菜等優先，吃飽了才吃一小份。或是以少許無糖優格、75% 以上的巧克力或低 GI 水果作為點心取代。

9. 飲水量不足

　　雖不用每天像水桶一樣灌個不停，但飲水量過少也不妥。如果常常覺得口乾舌燥，要注意是否身體缺水，適時補充。

　　但是湯、茶與咖啡不等同水分，因為利尿反而要額外再多攝取水。

解決方法

　　不愛喝水的話，可試試氣泡水、檸檬水、黃瓜水、莓果水等加味水。可以每次以幾口的方式補充水分，少量多次也是個方法。

10. 缺乏好菌

　　益生菌為人所知的好處有：增強免疫力、調節腸道菌叢、幫助腸胃蠕動促消

化、抑制壞菌生長、抑制膽固醇、降血壓、降血脂、消除自由基、預防過敏，促進蛋白質及鈣、鎂吸收，產生維生素 B 族等有益物質等。

乳酸菌是益生菌的一種，能代謝糖類，且是腸內益菌的代表，總之好處多多，但要正確補充。

| 解決方法

新鮮蔬菜加鹽「天然發酵」而成的泡菜，如台灣酸菜、酸筍、德國酸菜就含乳酸菌，而且這種泡菜耐久放，老泡菜別有風味。

其他如古法釀製的味噌、納豆、豆腐乳、豆豉、天貝、乳酪或無糖優格等等，也可攝取。

11. 打破身體慣性

飲食方式有非常多種，即使你採行低醣飲食，也不是一個方法用到底，因著不同個體，甚至同個體不同階段都需要作調整，蛋白質、脂肪與醣質的攝取比例也不是既定的，一個方法嘗試約一週大概能感受到成效，那就是適合你的方案。

| 解決方法

飲食控制執行一段時間後卻開始停滯，沒有違規的前提下停滯一週以上，可以嘗試調整飲食結構打破慣性。

例如：攝取優質澱粉、增加醣質攝取、降低或提高好脂肪攝取量、調整膳食纖維比例、改變間接斷食時間、改變每日進食次數、改變進食順序等等。

12. 為什麼沒有變瘦？

這是很主觀認定的問題，請準備皮尺測量身形、體態變化，體態的改變勝過體重下降。再來，你是跟上禮拜的自己比？還是上個月？半年前？會不會你眼中的瘦，其實是過瘦？

| 解決方法

測量前後體圍、體脂，拍照紀錄對比，或試穿同一件衣服，這些才是客觀的判斷。別讓飲食控制成為心魔，不自覺減重成癮。

圈媽一直瘦、
不復胖的祕訣

　　將飲食習慣視為自然而非必然！低醣是因為感受身心舒適，低醣是因為選擇而非不得不！該有的彈性、空間、容許度都要有，生活化而非枷鎖化。

　　可以尋找同樣執行低醣的同伴，互相交流資訊、激勵彼此。每個人執行方式都會稍有不同，但擇食、減醣原則相通。除了前面提到的飲食觀念與建議，這邊再提供一些圈媽的小技巧。

Tips 1　間歇性斷食與復食技巧

◆ 每天至少維持 12 小時以上的空腹時間，讓身體適當休息，這段時間可包含睡眠，就很容易達成。

◆ 可循序漸進的增加空腹時間，也可輪流循環使用，逐漸達到 16 ／ 8（空腹時間持續 16 小時，進食時間為 8 小時內）、18 ／ 6，沒有不適或飢餓感也可再進階到 20 ／ 4。

◆ 可自由選擇在進食時間內要吃幾餐，只要符合低醣、擇食以及高營養密度，一日一餐，或一日多餐都可以。

◆ 斷食後的復食也是個關鍵，建議以優質蛋白質開場，例如：雞蛋、鮪魚、鮭魚、雞胸肉，先簡單、少量的食用，稍等 30 分鐘後，再進行豐盛完整的一餐。

◆ 斷食之後的復食，切勿以大量碳水化合物搭配大量脂肪。

Tips 2　擇食不節食

◆ 沒有不能吃的食物，端看吃多少、怎麼搭配。

◆ 符合低醣原則、原型食物。

◆ 吃太少也不會瘦，可能因不健康而虛胖。
◆ 進食的重點不在於熱量多寡，而在於營養素的攝取，足量蛋白質、優質脂肪與膳食纖維等原型食物為佳。
◆ 最忌空營養、高熱量的加工食品。

Tips 3　著重抗發炎、避免過敏

◆ 多吃富含脂肪的魚，攝取 omega-3。
◆ 因日常飲食食材已富含 omega-6，所以食用油挑選富含 omega-3、omega-9 的油品（參考 p.19），也很推薦多吃富含 omega-3 的海產，如：鯖魚、鮭魚、鱸魚、沙丁魚、牡蠣及蝦。
◆ 善用好食材抗發炎，例如：深綠葉菜、蔥薑蒜、薑黃搭配黑胡椒與油脂、奇亞籽、適量地瓜、適量藍莓。
◆ 瞭解自己過敏食材並避免攝取，如：乳製品、堅果、糖類、加工品、精緻澱粉、加工食品。
◆ 改善生活習慣，如：避免熬夜、少飲酒、適當紓壓、戒菸、適度運動。

Tips 4　攝取天然發酵食物或富含益生菌食物

◆ 天然發酵德國酸菜（見「日日減醣瘦身料理」p.144）。
◆ 天然發酵韓國泡菜（見「日日減醣瘦身料理」p.174）。
◆ 天然發酵酸白菜（見本書 p.43）。
◆ 無糖蘋果醋。
◆ 豆類發酵食物，如：天貝、納豆、味增、豆豉等等。
◆ 希臘優格、酸奶油、乳酪等動物性發酵食物。
◆ 克非爾、紅茶菌等。
◆ 紅茶、普洱茶等發酵茶。
◆ 黑巧克力。

Tips 5　減脂佐餐好夥伴

◆ 薑黃搭配黑胡椒與油脂效果加乘，不敢直接吃可入菜，例如：p.145 薑黃鮮蝦餅，或薑黃炒白花椰菜。
◆ 無糖肉桂綠茶，兒茶素加上肉桂醛幫助燃脂，可當飲料但須額外補充水分。
◆ 玫瑰鹽奇亞籽檸檬氣泡水，補充微量元素、膳食纖維、omega-3。
◆ 無糖綠茶咖啡，比例為 1：1，綠原酸和兒茶素都有助燃脂，茶胺酸還能避免亢奮，因利尿記得多喝開水。
◆ 善用香草、辛香料，除了增添食物風味，還富含營養素，如：薑黃、薑、蒜頭、肉桂、黑胡椒、無糖可可粉、辣椒、迷迭香、香菜等等。

Tips 6　油脂從食物攝取，不盲目喝油、補油

◆ 不畏懼好的脂肪，不需刻意少油清淡。
◆ 油脂由天然食物攝取，如：肉類、魚類、酪梨、蛋、堅果。
◆ 油脂入菜不需刻意飲用，如：橄欖油、苦茶油、鵝油、動物性奶油。

Tips 7　放輕鬆，慢慢來最快

◆ 不要急著在短時間內達標，這樣只會給自己帶來壓力，按部就班總是能到達目的地。
◆ 遇到節日、應酬，適度放鬆心情，有節制的擇食就好。即使攝取醣質過高也別氣餒，身體自然會消耗代謝掉，只要不放棄，之前的努力便不會歸零。
◆ 別太害怕原形食物的優質碳水化合物，例如：地瓜、南瓜、藜麥、莓果類，它們有好醣跟好營養素。

不小心吃了高碳水食物，該怎麼辦？

低醣是一種生活態度，不是一個規定！規定可能會被遵守，也可能會被打破。生活態度卻是一種信念，無需別人監督，是自覺而不願違背的。

沒有不能吃的食物，重點在於分量

有人會覺得完全不吃高碳水食物，生活就少了樂趣？其實得看你吃多少「量」，自己是否有計算與節制。其實沒有不能吃的食物，端看吃了多少。如果嘴饞不想脫離減醣原則，你還是可以選擇低醣點心或各種原型食物。

遇上應酬、聚會、嘴饞等情況，可將高醣食物放在進食順序的最後。飲食習慣並非限制，稍稍放輕鬆，計算過自己當日醣質攝取，少量幾口、有節制的吃並無不可。

不論短期飲食控制、長期飲食習慣或是疾病控制，其實決定權在自己，也只有你心裡才明白自己的計畫、對自己負責。

破戒後，如何重返低醣飲食？

回歸的第一餐，可以食用標準低醣餐（低醣食物、適量好脂肪、足量蛋白質與膳食纖維）即可，勿高油，溫和、折衷即可。捨棄糖、麵包、米、麵食及加工食品。食用好油、吃好脂肪、原型食物、優質蛋白質和大量膳食纖維。簡單說就是：**無糖、低醣、少澱粉、好脂肪、多蔬菜**。其實道理都差不多，掌握大原則就對了。

1. 搭配間歇斷食

在不飢餓、不勉強的前提下，隔天可搭配 16 小時的間歇斷食（包含睡眠時間較容易達成），或是提高運動量來盡量消耗肝醣。

2. 每餐仍要吃飽吃滿

每餐仍須吃飽、吃足、高營養密度，會餓可以多吃蛋、肉、菜，慢慢回到正常低醣餐，找回感覺。

Q：如果我無法避免得進食高碳水化合物的食物時有什麼建議嗎？

A：

1. 可搭配黑咖啡或無糖茶，不要再搭配含糖飲料。

2. 頭痛或糖暈可以找個地方好好睡一覺。

3. 吃了糖，暫時就不要再搭配高油飲食。

4. 可補充一點成分單純天然的益生菌或酵素。

改變飲食
容易導致掉髮？

　　生活習慣、情緒、壓力、基因、瘦太快等原因，都有可能造成異常掉髮，這裡圈媽則是針對營養缺損方面來探討。

　　尤其「蛋白質」是很重要的營養素，許多人會有盲點，怕自己吃過量，而事實上大部分人是根本吃不足量。

100g 的肉不等於 100g 蛋白質

　　圈媽常常遇到有人誤會肉的重量等於蛋白質含量，但是 100g 的肉不等於 100g 蛋白質。以雞肉為例：雞胸肉每 100g 含約 22.4g 蛋白質，雞腿肉每 100g 含約 16.6g 蛋白質。其他食材如：五花肉每 100g 含 15g 蛋白質，鯖魚每 100g 含 14.4g 蛋白質，白蝦每 100g 含 21.9g 蛋白質。

　　我們的肌肉、骨骼、血液、臟器、皮膚、指甲、頭髮的構成都需要蛋白質，長時間的蛋白質攝取不足，新陳代謝會變差，身體機能下降。

七大面向，改掉髮問題

1. 檢視蛋白質有沒有吃足

　　體重每 1kg 需 1g ～ 1.5g，例如 50kg 的人應吃 50 ～ 75g 蛋白質。

　　若沒有食物秤，可以用概念估算：每天的蛋白質量，如果用手掌大小跟厚度估算，不包含手指部分，至少手掌大小與厚度的肉類或魚蝦約三片。一顆蛋約 7g 蛋白質，用雞蛋補足也是便於計算的方式。

2. 補充生物素

補充生物素（維生素 H、維生素 B7）或多吃含生物素食物，像是蛋黃、酵母、堅果、蘑菇、花椰菜、魚類等等。

3. 利用防落髮洗髮精輔助

使用防落髮洗髮精，並搭配頭皮按摩。

4. 改善生活習慣

避免菸酒、少熬夜、少吃刺激性食物、適當排除壓力。

5. 就醫檢查是否甲狀腺機能失調

甲狀腺低下會對人體內分泌系統、荷爾蒙分泌造成影響，使身體無法合成頭髮，造成髮量稀疏。

6. 是否過度操作斷食、技術生酮

是否因斷食、技術生酮，導致身體營養素缺乏，造成落髮問題。

7. 有無補充鋅、鐵等礦物質

甲殼類海鮮，如：牡蠣、貝類；動物內臟，如：豬肝；此外，紅肉、成分單純的起司、茄子、蛋黃等食物都是很好的食補來源。

建議平時養成食材輪替，避免挑食或一成不變的餐盤搭配，以免身體所需營養素長期缺乏。

減醣瘦身常見 Q&A

Q 這樣吃是不是很容易復胖？

A 不會，除非你放棄低醣，很長時間的大量攝取醣質或是過多加工食品，那麼以前怎麼發胖的自然會重蹈覆轍。

如果是一兩週之內，因為飲食或生理期造成的水腫，再回復低醣飲食的幾天後通常能排除。不要為了體重的稍微加減而嚇自己或感到壓力，一個長時間區段來觀察，體態、體脂沒有太多變動就好。

Q 為什麼我會復胖？

A 建議自行檢視生活習慣與餐盤，事出有因，或許是吃太多低醣烘焙？或許接觸過敏食材？或許因壓力、熬夜或飲水不足？

重新溫習一次前面提到的飲食方針，找出問題並排除就好。如果飲食恢復高醣質，身體耐受度又不高，會建議你還是穩定執行低醣飲食為上，對維持體態與健康都有幫助。

Q 會瘦到不該瘦的地方嗎？

A 低醣可以讓體態均勻，正常發育該是什麼樣貌，就是回到健康的體態。記得避免偏食、節食，好的食物讓身體健康，那麼體態自然會均勻好看。

Q 低醣都不能吃澱粉嗎？

A 沒有不能吃，我自己也會吃，但需選擇原型食物，如：地瓜、南瓜等，而且要留意食用量，但不建議精緻澱粉。

Q 低醣執行太久是不是不好？

A 追求健康、自然的飲食，讓身體狀態變好當然能長期執行，但記得食材多元輪替、高營養密度。

Q 會無止盡的繼續變瘦嗎？

A 不會，身體達到舒適、健康的程度就會停止了。建議不要盲目追求無止盡的瘦還要更瘦，體態勻稱、體脂標準、健康愉快就好。

Q 我吃了市售蛋糕、麵包或甜點會破酮嗎？

A 會不會脫酮需看個人體質，還有吃進的醣分有多高？你的身體耐受度如何？但不管你吃多少高碳水食物或食品，身體都得先把你吃進去的糖分消耗掉，所以不建議連續性破戒，容易導致失控而使飲食控制宣告終結。

Q 破酮之後要多久才能入酮？會更難入酮嗎？

A 不一定，看個體差異跟脫酮程度。反覆出入酮的問題並不在下次入酮的難度是否提高，你該擔心的是血糖的波動、刺激胰島素分泌。

讓身體維持穩定、舒服的狀態才是飲食控制的目的。頻繁出入酮對身體反而是傷害，如果那麼難克制口慾，其實可以考慮減醣、低醣就好，盡量讓飲食習慣維持常態，別用大起大落折騰身體。

Q 我低醣有一段時間了，突然吃太多高碳水化合物的食物會怎麼樣？

A 吃進高醣後，可能會有幾種現象：頭痛、嗜睡、強烈渴望更多、之後幾小時或隔天變得容易餓、脹氣或排便次數增加等等。身體嗜糖，會發出想要更多的訊號，破戒後難熬的往往是身體產生的這些反應。

Q 改變飲食後，睡眠品質會變差嗎？

A 可以先檢視是生理因素（憂鬱、甲狀腺亢進、頻尿、過累等等），還是心理因素（壓力），排除物質與環境因素（咖啡因、尼古丁、手機藍光、藥物等等）。

在飲食方面，可適量補充堅果、香蕉、乳製品，其中的色胺酸有助褪黑激素的轉換。

白天曬曬太陽，讓血清素濃度上升，血清素會轉變成為褪黑激素，有調節生理時鐘及助眠效果。

Q 執行低醣飲食幾天後，有皮疹狀況？

A 身體的脂肪會堆積毒素，燃脂的過程中，無法被代謝的毒素便可能釋放出來，導致皮膚過敏現象，通常一週左右會好轉。有些人會有這樣的情況產生，可視為好轉反應，但過於嚴重還是建議就醫。

Q 改變飲食後，脾氣是不是會變差？或情緒低落？

A 血清素濃度會影響情緒，每天曬曬太陽能改善。鎂可幫助穩定神經，加上鈣效果更好。或是從天然食物中取得，鎂含量較多的食物有：菠菜、花椰菜、酪梨、海藻類、海苔、初榨橄欖油、椰子油、黃秋葵、蝦類、貝殼類、鯖魚、黑巧克力等等。

Q 執行低醣飲食一段時間後，容易腿痠或抽筋？該怎麼辦？

A 適時補充稀釋的海鹽或玫瑰鹽水，低醣有助消水腫，身體不綁水，因此飲食不需清淡少鹽。也可多補充含維生素 C、B 群、鎂的食物。

飲食習慣自我檢視

易胖、復胖通常都是飲食習慣不良導致的，需要有決心改變。透過以下的檢視與規劃步驟，有助於大家在飲食控制上，能更加規律。

STEP 1 檢視飲食

易胖的習慣要盡快戒除，以下檢視的勾勾越少越健康！

☐ 無法一餐不吃飯、麵

☐ 飲料喜歡喝含糖的

☐ 水果越甜越好

☐ 習慣解決家人的剩食

☐ 愛吃、常吃甜點

☐ 經常吃餅乾、麵包等零食

☐ 幾乎整天都在吃東西

☐ 常常喝酒

☐ 經常吃油炸食物

☐ 總是睡前進食

☐ 偏食、食物內容單調少變化

☐ 沒有好好咀嚼，常狼吞虎嚥

☐ 常吃加工食品

☐ 常藉由含糖食品、高醣食品來犒賞自己

☐ 常吃單一食物

☐ 不大在乎一餐中吃進了多少蔬菜、蛋白質、脂肪

飲食規劃表

　　寫下一週的飲食規劃表，試著在每餐安排不同的蛋白質、蔬菜纖維、碳水化合物等，盡可能讓食物多元，攝取到不同的營養素。

	早餐	點心	午餐	點心	晚餐
星期一					
星期二					
星期三					
星期四					
星期五					
星期六					
星期日					

STEP 3 飲食記錄表

記下每天吃的食物，並計算營養成分，詳實記錄後，有助於找出飲食漏洞。

	飲食內容	淨碳水化合物	脂肪	熱量	膳食纖維	蛋白質
早餐						
點心						
午餐						
點心						
晚餐						
點心						

Standing

Part 2　　常 備 菜 料 理

Dishes

淨碳水化合物 **28.8 g**

脂肪	熱量	膳食纖維	蛋白質
3.6 g	234 cal	18 g	21.6 g

酸白菜

自製酸白菜，不僅天然、無化學添加且能控制酸度。清脆爽口、促進消化，酸香撲鼻的滋味令人生津。富含天然益菌的酸白菜，可用於熬湯，熬的時間越久越溫潤回甘，也可搭配肉片快炒，與蛋白質搭配更加美味。

材料

大白菜……1 顆，約 1800g
鹽…………………………20g
開水……………………大量

作法

1. 整理白菜。將受傷外葉及老葉剝除，再用清水洗淨。
2. 梗部以十字刀切深約 2 ～ 3cm，再用手撕成四等分。
3. 以滾水快速燙過大白菜（約 15 秒即可，如使用的分量減少，汆燙的時間也需減少），撈起放篩網瀝乾放涼。需注意不可以碰到生水。
4. 將白菜一片片抹上鹽巴，再塞入醃製容器。

 Tips 選用玻璃、陶瓷容器為佳，並需消毒，確保乾燥無水、無油。

5. 倒入冷開水將白菜完全覆蓋，並以乾淨重物壓住，避免菜葉浮起。製作過程中都要小心不能碰到生水，以免腐敗。
6. 將整個容器連同重物密封，放置陰涼處約 10 ～ 15 天（氣溫高，發酵天氣會減少；氣溫低，則發酵天數會增加），有發酵酸味出現即可。

 Tips 可將容器放在大臉盆裡，避免發酵過程中滲出的發酵水外溢。

超市採買攻略

大白菜

and kaffir lime beef skewers

all red chilli, chopped

all red fish sauce

ablespoon lime juice

tablespoons lime juice

tablespoons (60ml) peanut oil

¼ cup (60ml) peanut oil

700g rump steak, cut into pieces

6 kaffir lime leaves, blanche?

6 kaffir lime leaves

noodle salad

150g dried rice vermic

¼ cu

10c

ba

淨碳水化合物

	脂肪	熱量	膳食纖維	蛋白質
37.7 g	0.8 g	222 cal	10.3 g	9.8 g

台式泡菜

台式泡菜是台灣常見的小吃佐菜，開胃解膩。自己做更能為食材把關，選用優質天然醋，並在高麗菜盛產季節時，大量製作存放於冰箱，作為隨時都能享用的家庭常備菜。

材料

高麗菜	600g
紅蘿蔔	50g
蒜頭	15g
辣椒	15g
鹽	20g
蘋果醋或米醋	350ml
赤藻糖醇	35g
開水	400ml

高麗菜

作法

1. 將高麗菜、紅蘿蔔洗淨晾乾。
2. 高麗菜撕碎，紅蘿蔔切片或絲狀，蒜頭以刀背拍鬆，辣椒切小段。
3. 將高麗菜和紅蘿蔔絲裝入乾淨的大塑膠袋，加入鹽巴，讓袋內充滿空氣、將袋口抓緊，上下左右任意搖晃，讓蔬菜均勻沾附鹽巴。
4. 擠出袋內空氣，用重物壓住蔬菜袋，靜置至少 20 分鐘。

 Tips 蔬菜會慢慢殺青軟化釋出澀水。

5. 取乾淨鍋子，倒入水、醋、赤藻糖醇，煮糖醋水。水滾、糖完全融化後熄火放涼。

 Tips 糖醋水需完全放涼才能使用。

6. 倒掉步驟 4 高麗菜釋出的澀水，再用力擠乾水分，連同蒜頭、辣椒一起放入密封容器，再倒入糖醋水就完成了。
7. 冷藏二天以上，使其入味即可食用。

漬小黃瓜

淨碳水化合物	脂肪	熱量	膳食纖維	蛋白質
4.6 g	0.6 g	35 cal	3.9 g	2.7 g

小黃瓜含有水溶性纖維跟滿滿水分，營養豐富。價格親民也很容易買到，簡單料理就能擁有多變風味。挑選時以偏硬、有刺感者為佳。

材料

小黃瓜…………… 300g
鹽………………… 15g
赤藻糖醇………… 5g
蘋果醋或米醋……… 15ml

超市採買攻略

小黃瓜

作法

① 小黃瓜洗淨擦乾，去除頭尾後，切成約 0.2～0.3cm 薄圓片。
② 撒上鹽巴抓勻，靜置十分鐘待出水。
③ 倒掉鹽水，加入醋、赤藻糖醇，均勻抓醃一下即完成。

 Tips 放冰箱冷藏一小時，更加入味好吃。

芝麻醬秋葵

淨碳水化合物	脂肪	熱量	膳食纖維	蛋白質
3.5 g	6 g	91 cal	1.1 g	4.5 g

秋葵有助調整血糖、降血脂，富含各種營養素且高纖維，是健康瘦身的好幫手。
本身味道清淡，搭配上香氣醇厚的芝麻醬，帶來剛剛好的滋味。

材料

秋葵 ⋯⋯⋯⋯⋯⋯⋯⋯ 80g

白芝麻⋯⋯⋯⋯⋯⋯⋯ 10g

醬油 ⋯⋯⋯⋯⋯⋯⋯ 10ml

超市採買攻略

秋葵

作法

① 將秋葵洗淨，蒂頭前端削除。

② 將水（材料分量外）煮沸，放入秋葵燙1～2分鐘，取出並瀝乾。

③ 將白芝麻磨碎，加入醬油調和，淋在秋葵上即可享用。或是自製芝麻醬，將 300g 的芝麻，加上 10ml 的橄欖油，放入食物調理機中高速運轉 15 秒，可依自己喜好的細緻度，增加攪拌的時間。

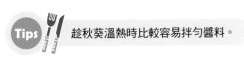 Tips 趁秋葵溫熱時比較容易拌勻醬料。

淨碳水化合物

	脂肪	熱量	膳食纖維	蛋白質
0.9 g	4.9 g	73 cal	0 g	6.7 g

（每一顆）

溏心蛋

半膏狀的蛋液，搭配滑嫩的蛋白，加上微微酒香，享受簡單的幸福美味。溏心蛋單吃或佐餐都很百搭，可一次製作後，冷藏分餐食用。

材料

室溫雞蛋	8 顆
鹽	5g
煮雞蛋用水	適量
冰塊水	適量

▼ 醬汁

開水	250ml
紹興酒	20ml
無糖醬油	130ml
赤藻糖醇	10g
月桂葉	1 片
八角	1 顆

作法

① 取一湯鍋，將水、酒、醬油、赤藻糖醇、月桂葉和八角放入，煮滾放涼。

② 煮雞蛋。在鍋中放入水、鹽，水滾放入雞蛋，將火轉至水維持冒泡狀態，計時 6 分鐘。

Tips
1. 煮雞蛋時加入鹽可預防破裂。
2. 煮雞蛋用水需蓋過雞蛋約 3 ～ 5cm。
3. 煮雞蛋時可小心旋轉攪拌，幫助蛋黃置中。

③ 時間到，關火立即將水煮蛋撈起，放入冰塊水中冷卻、去殼。

④ 將水煮蛋浸泡於步驟 1 的醬汁，密封冷藏一夜即可。

超市採買攻略

雞蛋	月桂葉	八角

淨碳水化合物

7 g	脂肪	熱量	膳食纖維	蛋白質
	65.8 g	637 cal	3.3 g	8.2 g

自製青醬

使用九層塔取代甜羅勒，再搭配松子，香氣更盛。自製青醬可搭配各式餐點，與肉類、起司或蔬菜，都很合拍。

材料

九層塔	50g
蒜頭	20g
松子	20g
帕瑪森起司粉	5g
黑胡椒粉	0.5g
玫瑰鹽	0.5g
橄欖油	50ml
檸檬汁	10ml

作法

1. 將九層塔洗淨晾乾。
2. 將九層塔、蒜頭、松子、起司粉、黑胡椒粉、玫瑰鹽放入調理機中，大致打碎。
3. 將橄欖油分 2 ～ 3 次加入調理機中，繼續攪打均勻。
4. 最後加入檸檬汁攪打均勻。檸檬汁可幫助穩定顏色，讓色澤更好看。

5. 裝入密封罐後，用分量外的橄欖油覆蓋醬料保存。

Tips 成品裝入殺菌乾燥的密封罐，補倒適量橄欖油淹過表面，這樣的方式可冷藏保存一週。

超市採買攻略

九層塔

農夫烤時蔬

只要將蔬菜洗切好，放入烤箱烘烤即完成，是一道簡單的懶人料理。蔬菜種類、調味料皆可依個人喜好更換。

材料

茄子 …………………… 150g
甜椒 …………………… 85g
黑木耳 ………………… 35g
小番茄 ………………… 60g
綠花椰 ………………… 100g
洋蔥 …………………… 50g
櫛瓜 …………………… 150g

▼ 調味

酪梨油 ………………… 約 25ml
玫瑰鹽 ………………… 適量
黑胡椒粉 ……………… 少許
香蒜粉 ………………… 少許

作法

① 將所有蔬菜類洗淨、切成適口大小。

② 將蔬菜放入烤皿，均勻淋上酪梨油與調味料，避免烤焦。

③ 烤箱預熱後，以 200℃烤 18 分鐘。

Tips 蔬菜大小會影響烘烤時間與熟透程度，可再自行調整。

超市採買攻略

櫛瓜　　　　茄子

淨碳水化合物 **17.9 g**

脂肪	熱量	膳食纖維	蛋白質
26 g	352 cal	13.9 g	9.7 g

	脂肪	熱量	膳食纖維	蛋白質
淨碳水化合物 **61.5 g**	76.5 g	1054 cal	18.6 g	26.6 g

低醣蘿蔔糕

這道低醣蘿蔔糕也可以自行變換像是蝦米、肉末等不同食材。蒸好後可以直接食用，品嘗原味香氣，不管冷熱都好吃。或是煎到表面微焦，蘸上蒜末醬油，滋味更甚。

材料

白蘿蔔	250g
乾香菇	5～8g
橄欖油	10g
鵝油香蔥	20g
白胡椒粉	1g
玫瑰鹽	2g
開水	80ml

▼ 材料 A

烘焙杏仁粉	100g
洋車前子細粉	10g
中型雞蛋	2 顆
開水	80ml

超市採買攻略

白蘿蔔　　　　乾香菇

作法

① 將白蘿蔔切成絲，乾香菇泡發後切碎。

② 橄欖油熱鍋，放入香菇爆香一下，再加入蘿蔔絲拌炒。

③ 加入鵝油香蔥、白胡椒粉、玫瑰鹽繼續拌炒，再加入開水，煮至蘿蔔絲軟化。

④ 等待蘿蔔絲軟化的空檔，將材料 A 拌勻備用。

⑤ 取一個 600ml 長型模具，在四周和底部刷上橄欖油（材料分量外）。

⑥ 將步驟 4 拌勻的材料，加入煮熟的步驟 3 中，翻炒均勻至呈現收汁黏稠狀即可。

⑦ 將蘿蔔糊填入模具中，用力壓密實。將模具放入電鍋內，外鍋加入 1 杯水，蒸煮 30 分鐘。將竹籤插入蘿蔔糕中央，取出無沾黏即代表已煮熟。

⑧ 冷卻後即可脫模，直接切片食用，或是再煎至外皮酥脆都很美味。

野菇佃煮

淨碳水化合物	脂肪	熱量	膳食纖維	蛋白質
7.1 g	0.5 g	50 cal	3.7 g	4.1 g

菇類是很好的增量食物，富含膳食纖維及多種營養，不同種類搭配食用更佳。挑選時，選擇傘帽圓潤飽滿者較為新鮮。

材 料

鴻禧菇‧‧‧‧‧‧‧‧‧‧‧‧‧‧‧‧‧‧50g

金針菇‧‧‧‧‧‧‧‧‧‧‧‧‧‧‧ 100g

美白菇‧‧‧‧‧‧‧‧‧‧‧‧‧‧‧‧‧50g

薑‧‧‧‧‧‧‧‧‧‧‧‧‧‧‧‧‧‧‧‧‧‧‧20g

無糖醬油‧‧‧‧‧‧‧‧‧‧‧‧20ml

開水‧‧‧‧‧‧‧‧‧‧‧‧‧‧‧‧‧‧30ml

米酒‧‧‧‧‧‧‧‧‧‧‧‧‧‧‧‧‧‧10ml

赤藻糖醇‧‧‧‧‧‧‧‧‧‧‧‧‧‧ 5g

作 法

① 將菇類切除根部剝成小塊，薑段切絲。

② 將所有食材放入鍋內，蓋上鍋蓋，以小火燉煮 10 分鐘。

③ 開蓋稍微攪拌，待湯汁稍微收乾即可。

淨碳水化合物

	脂肪	熱量	膳食纖維	蛋白質
1.1 g	12 g	18 cal	1.3 g	0.9 g

（每一片）

低醣潤餅皮

低醣潤餅製作上需要花一點時間及技巧，才能煎得漂亮，只要練習幾次就會慢慢上手。如果家中有鬆餅機或蛋捲機，製作起來就更加如虎添翼，或是利用平底不沾鍋慢慢煎，享受手作樂趣。

材料

雞蛋 …………………… 1 顆
烘焙杏仁粉 ………… 20g
洋車前子細粉 ……… 15g
玫瑰鹽 ………………… 0.5g
溫水 ………………… 500ml

※ 約可做 10 片潤餅皮

超市採買攻略

雞蛋

作法

① 雞蛋攪拌打散。烘焙杏仁粉、洋車前子細粉、玫瑰鹽攪拌混合。

② 將粉材與蛋液放入調理機，再將溫水分 4 ～ 5 次倒入，攪拌混合。因為不太好拌至均質，建議使用果汁機或電動攪拌器。

③ 拌勻後會呈現膠狀，至少靜置 15 分鐘，讓粉糊充分吸飽水分。

④ 不沾鍋以中小火熱鍋，取一勺粉糊（約 50g）放入。稍微舉起鍋子，慢慢畫圓旋轉，讓粉糊面積逐漸擴大。

Tips

1. 潤餅皮的大小、厚薄可依個人需求調整。也可利用不沾鍋鏟推移，塗抹出餅皮形狀。
2. 可蓋上鍋蓋一分鐘，幫助粉糊定型，但不要蓋太久，以免水珠滴落。

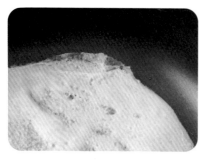

⑤ 耐心靜待約 2 ～ 3 分鐘，餅皮逐漸成型。邊緣乾硬或翹起、中央熟透就可以翻面。煎的時候如果不小心有破損，可取一小塊粉糊貼上修補再煎熟。

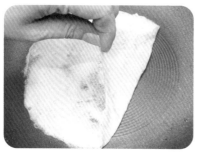

⑥ 可使用鍋鏟小心慢慢鏟起，或用手從邊緣輕輕撕起。

⑦ 翻面後煎約 2 分鐘，確定一下兩面都煎熟、不沾黏即可起鍋煎下一片。

⑧ 放涼後就可以用來製作潤餅了。

淨碳水化合物	脂肪	熱量	膳食纖維	蛋白質
10.6 g	13 g	239 cal	4.8 g	18.2 g

低醣潤餅

潤餅一次就可以吃到多樣食材，攝取到不同的營養素，想吃什麼就包入什麼，可以自行變換當季食材。

材料

潤餅皮	1～2 片
高麗菜絲	50g
紅蘿蔔絲	50g
豆芽菜	50g
香菇絲	30g
豬絞肉	70g
玫瑰鹽	適量
無糖醬油	10ml

※ 此分量為 1 份潤餅。

作法

1. 將高麗菜、紅蘿蔔、香菇洗淨切成絲。豆芽菜洗淨。

2. 分別將高麗菜絲、紅蘿蔔絲、豆芽菜燙熟。香菇絲拌炒豬肉，加入鹽、醬油調味，炒到醬汁收乾入味。

3. 將所有配料集中堆疊在餅皮一側，再左右折起，從配料邊緣處開始捲起來。想要製作大捲一點的潤餅，可使用兩張餅皮交疊。

淨碳水化合物	脂肪	熱量	膳食纖維	蛋白質
3.2 g	3.8 g	52.6 cal	3.6 g	2.6 g

（每一片）

萬用低醣餅皮

此款餅皮較厚，可當作低醣蛋餅皮、捲餅皮，或是切成像麵瘩疙的長條狀，做成無澱粉麵條，吃法多變。剛開始製作時會需要摸索要領，多做幾次就會越來越順手了。

材料

雞蛋 ……………………… 2 顆
烘焙杏仁粉 …………… 40g
洋車前子細粉 ………… 30g
玫瑰鹽 ………………… 1g
溫水 …………………… 270ml

※ 每片約 70g，約可製作 6 ～ 7 片。

作法

① 雞蛋攪拌打散。烘焙杏仁粉、洋車前子細粉、玫瑰鹽攪拌混合。

② 將粉材與蛋液放入調理機，再將溫水分 4 ～ 5 次倒入，攪拌混合。因為不太好拌至均質，建議使用果汁機或電動攪拌器。

超市採買攻略

雞蛋

③ 拌勻後至少靜置 15 分鐘，粉糰會逐漸光滑。

④ 檢視粉糰已充分吸飽水分，呈現不沾手狀態即可開始製作。先將桌面鋪上保鮮膜防止沾黏，取出 70g 粉糰。

⑤ 取一張烘焙紙覆蓋粉糰（可使用圓形烘焙紙或在紙上畫圓形幫助塑形）。

⑥ 大致形狀出現時，以手指隔著烘焙紙推移、修飾不平整的部分。

⑦ 塑型完成後，烘焙紙不取下，直接放入熱鍋好的不沾鍋熱內。將生餅皮面朝鍋中，烘焙紙面朝上，以中小火煎熟。

⑧ 耐心靜待約 2～3 分鐘，輕輕將烘焙紙從稍微拉起，若餅皮已成型、不沾黏鍋面則可翻面。

 Tips 1. 煎餅皮時，可同時製作下一片餅皮，就不會浪費時間了。
2. 如果發現有破損，可取一小塊粉糊貼上修補再煎熟。

⑨ 翻面後烘焙紙貼著鍋面，煎約 2～3 分鐘，再翻面使烘焙紙朝上，即可剝除烘焙紙，確認兩面都煎熟、不沾黏即可起鍋煎下一片。

 Tips 1. 大小、厚薄可依個人需求調整。
2. 有一面孔洞較多無妨，成品光滑面朝外即可。

低醣蛋餅

低醣蛋餅很適合作為早午餐或是餐與餐之間的點心,配上無糖花茶茶飲,滿足又愜意。

材料

萬用餅皮⋯⋯⋯⋯⋯ 1 片
雞蛋⋯⋯⋯⋯⋯⋯⋯ 1 顆
起司⋯⋯⋯⋯⋯⋯⋯ 1 片

作法

1. 起油鍋,倒入攪拌均勻的蛋液,覆蓋上低醣餅皮。

2. 雞蛋定型後翻面,雞蛋面朝上,放上起司折起就完成了。

 Tips 蛋餅配料可依個人喜好添加與更換。

超市採買攻略

雞蛋　　　　　　起司

淨碳水化合物	脂肪	熱量	膳食纖維	蛋白質
5.5 g	13.5 g	195 cal	3.6 g	13.5 g

雞蛋豆腐

雞蛋豆腐的作法很簡單，不過要做出光滑細緻的成品，需要一些小技巧。像是將豆漿蛋液過濾、蒸煮時鍋蓋保留縫隙，都能讓豆腐表面更加光滑。

材料

無糖豆漿 ………… 270ml
雞蛋 ……………… 3 顆

作法

① 雞蛋打散，加入豆漿拌勻後，利用濾網過篩二次。雞蛋與豆漿比例約為 1：1.5。

② 取一耐熱容器，在周圍薄上塗塗一層油（材料分量外），倒入雞蛋豆漿液。

Tips
1. 選擇寬而淺的容器，可避免四周過熱但中間沒熟的問題。
2. 可以用一張保鮮膜輕輕滑過，吸起表面的小氣泡。

③ 放入電鍋，外鍋加入 1 杯水，鍋蓋留一小縫隙蒸煮 20 ～ 25 分鐘。

④ 蒸熟後靜置冷卻，用刀沿著容器邊緣刮一圈，讓空氣進入會較好脫模，也可以步驟 2 倒入蛋液前，在容器底部鋪上烘焙紙。可直接分切食用，或煎過更香。

超市採買攻略

無糖豆漿

雞蛋

淨碳水化合物	脂肪	熱量	膳食纖維	蛋白質
4.9 g	19.6 g	307 cal	3.5 g	30.3 g

老皮嫩肉

外皮焦香酥脆，內裏軟滑嫩口，吸滿醬香的滋味銷魂，是川菜館的人氣菜色。作法簡單，只要按照步驟料理，即可零失敗上菜。

材料

雞蛋豆腐 ·············· 1 盒
苦茶油 ··············20ml
青蔥 ···············25g

▼ 醬汁

醬油 ···············20ml
開水 ···············30ml
醋 ················ 5ml
辣椒 ··············· 1 根
蒜頭 ··············· 5 瓣

作法

① 青蔥、辣椒、蒜頭切末備用。
② 雞蛋豆腐切大塊後，以餐巾紙吸除表面多餘水分。

 Tips 可以選擇市售的雞蛋豆腐或是 p.67 的自製雞蛋豆腐。

③ 起油鍋，將豆腐各面煎至金黃焦香後，盛盤備用。
④ 不需洗鍋，將醬汁全部食材入鍋煮滾，淋在豆腐上。
⑤ 撒上蔥花就完成了。

超市採買攻略

雞蛋豆腐

淨碳水化合物	脂肪	熱量	膳食纖維	蛋白質
8.2 g	33.8 g	429 cal	2.5 g	21.4 g

Chicken Recipes

Part 3　雞肉料理

淨碳水化合物

	脂肪	熱量	膳食纖維	蛋白質
0 g	229 g	2750 cal	0 g	161 g

脆皮烤雞

確實擦乾雞皮表面使之乾燥，在雞腹內還有皮肉之間抹油的用意，都在阻隔水氣，乾燥無水氣就是表皮酥脆的祕訣！而且這幾個動作都能讓烤雞增添風味，使用酪梨油、橄欖油或奶油皆可，奶油製作出來的成品特別香。

材料

半雞或小隻全雞

▼ 調味料

無糖醬油	30ml
橄欖油	30ml
黑胡椒	大量
香蒜粉	大量
十三香粉	15ml
（可用五香粉取代）	
辣椒粉	適量

作法

1. 將雞肉洗淨，用餐巾紙確實吸乾水分。
2. 將全部調味料混合均勻，塗抹在半雞或全雞外層，雞皮跟雞肉中間也要刷上，可讓雞皮烤起來更加酥脆。
3. 可以把雞翅往下折避免燒焦，將雞放入氣炸鍋中，在雞皮表面刷或噴上一層油。
4. 以 180℃ 氣炸 20 分鐘，打開氣炸鍋，沾取底部的油再刷上雞皮，視雞的大小再氣炸 5 ～ 10 分鐘就完成了。如使用烤箱，先預熱 190℃，烘烤 30 分鐘後，取出烤雞，將烤盤上的油湯均勻淋在雞皮上，可使烤雞更加酥脆，並對掉方向繼續烘烤 20 分鐘，使烤雞更加均勻烘烤，烘烤完成檢查是否熟透即可出爐。

超市採買攻略

全雞

Tips 如何知道雞肉是否熟了？可用竹籤穿刺雞腿跟雞身附近肉最厚的地方，流出清澈雞油就代表熟了，混濁則表示未熟。

淨碳水化合物

	脂肪	熱量	膳食纖維	蛋白質
6.6 g	18 g	393 cal	4.4 g	48 g

低醣雞絲涼麵

悶熱的廚房有時讓人卻步，久站久煮也會影響胃口，來道消暑飽腹的快速料理，
優雅出餐。以櫛瓜製成的櫛瓜麵，取代一般麵條，清爽無負擔。

材料

櫛瓜	250g
小黃瓜	75g
紅蘿蔔	40g
雞蛋	1顆
雞胸肉	150g
橄欖油	5ml

▼ 涼麵醬

無糖花生醬	1匙
無糖醬油	1匙
飲用水	1匙
蒜泥或香蒜粉	適量
辣油	適量（也可省略）

超市採買攻略

雞胸肉　　　　櫛瓜

作法

① 利用蔬果削鉛筆機或刨絲刀將櫛瓜削成長條狀，做成櫛瓜麵。

② 將櫛瓜麵放入滾水中燙1分鐘後撈起瀝乾。

③ 將雞胸肉燙熟，盛起放涼後剝成絲。

> **Tips** 將雞胸肉浸泡在鹽水中2小時再燙煮，肉質會更加軟嫩多汁。鹽量為水量的5%，如泡過夜則為2%。

④ 將紅蘿蔔、小黃瓜洗淨切絲備用。

⑤ 起油鍋，倒入攪拌好的蛋液，煎一張薄蛋皮，盛起放涼後切絲。

⑥ 將所有食材擺盤好，把「涼麵醬」所有材料拌勻，淋上即完成。

淨碳水化合物 **7.4 g** | 脂肪 **6.8 g** | 熱量 **231 cal** | 膳食纖維 **9.5 g** | 蛋白質 **30.4 g**

無米香菇雞肉粥

粥品是台灣常見的家常料理，嘴饞又不想攝取過多的澱粉時，不妨試試這道無米粥，不僅低醣還有滿滿原型食物的豐富營養。

材料

乾香菇	1 朵
泡發香菇用水	50g
花椰菜	200g
高湯或水	350g
芹菜	15g
雞胸肉	80g
雞蛋	1 顆
洋車前子細粉	4g
鹽	3 ～ 5g
白胡椒粉	少許

作法

1. 乾香菇泡發備用。也可使用新鮮香菇，醣質更低。

2. 雞胸肉泡鹽水（材料分量外）備用，鹽水比例大約是 5g 的鹽加入 100g 的水。

Tips 雞胸肉先浸泡鹽水 1 ～ 2 小時，可使肉質軟嫩不乾柴。

3. 將花椰菜洗淨剁碎呈米粒大小。步驟 1 的香菇擠乾切片或末、芹菜切末。

Tips 市面上也有販售已處理好的冷凍花椰菜粒，使用上更加快速方便。

4. 取一湯鍋，將水煮滾，放入步驟 2 的雞胸肉，煮 3 分鐘後悶 2 分鐘，取出放涼，再剝成絲狀。

5. 原湯鍋再放入花椰菜粒、香菇末一起燉煮。水滾後轉小火繼續燜煮約 15 ～ 20 分鐘至花椰菜軟化。花椰菜米熟爛程度依燜煮時間長短可自行調整。

6. 放入雞肉絲，加入鹽、白胡椒粉調味後，均勻撒入洋車前子細粉並快速攪拌避免結塊。

7. 打入蛋花待凝固，撒上芹菜末，即可享用。芹菜可用蔥花或其他蔬菜取代，不過香氣稍有差異。

雞胸肉

碳水化合物	脂肪	熱量	膳食纖維	蛋白質
74 g	21.5 g	672 cal	0 g	43.1 g

四物雞湯

從青少年時期開始，習慣每個月喝點四物湯滋補身體，而開始減醣飲食後，還是維持這樣的習慣。可以到中藥行購買藥膳包，或是超市也有販售調配好的四物藥膳包，相當方便。

材料

雞腿 ···················· 1 支
四物藥膳包 ·········· 1 包
水 ······················ 適量
米酒 ···· 少許（也可省略）

作法

1. 在電鍋內鍋加入水、米酒淹過藥膳包，外鍋加入半杯水，先煮出藥材精華。
2. 在等待時間將雞腿分切，以熱水汆燙去除血水，再用冷水洗淨雜質備用。
3. 把雞腿加入電鍋的藥膳湯中，加水淹過所有食材。電鍋外鍋加入一杯水，繼續悶煮。

 Tips 可以再額外再加入枸杞、紅棗調味，不過這兩種食材的碳水量都滿高的，需斟酌分量。

4. 待電鍋跳起就完成了！

超市採買攻略

土雞切塊　　　四物藥膳包

淨碳水化合物	脂肪	熱量	膳食纖維	蛋白質
3.6 g	39.2 g	616 cal	0.4 g	59 g

塔香雞肉丸

利用調理機一鍵按下，就能輕鬆製作這道香氣馥郁的嫩口雞肉丸。可以一次製作大量，放於冷凍保存，想吃再取出煎熟加熱即可，很適合作為常備菜或便當菜。

材料

雞腿肉 280g
洋蔥 30g
九層塔 5g
雞蛋 .... 1 顆

▼ 調味料

米酒 10ml
醬油 10ml
橄欖油 10ml
白胡椒粉 0.5g
薑粉 0.5g
鹽麴 1g
玫瑰鹽 1g

作法

1. 將雞腿肉去骨切成小丁狀，再放入調理機中絞碎。
2. 洋蔥、九層塔、雞蛋加入調理機，繼續絞碎、和雞肉融合。
3. 在調理機中，加入所有調味料，繼續攪打混合均勻。
4. 取一平底鍋，倒入橄欖油（材料分量外），利用湯匙挖取攪打好的肉泥並塑型入鍋，以中小火慢慢煎至微焦，待底部變白、稍呈金黃色就可翻面。
5. 將雞肉丸每一面都煎熟即可盛盤享用。

Tips 也可以淋上 p.51 的自製青醬享用。

超市採買攻略

雞腿排切塊　　　　雞蛋

淨碳水化合物 **15.7 g** | 脂肪 **21.5 g** | 熱量 **462 cal** | 膳食纖維 **13 g** | 蛋白質 **45.1 g**

蔭瓜香菇雞

記憶中媽媽的味道，也是家的味道。美麗的琥珀色湯汁甘醇清甜，讓人一口接一口。冬天來上一碗，暖心又暖胃；清爽的口感，夏天享用也會感到幸福無比。

材料

蔭瓜	半碗
蔭瓜湯汁	1 湯勺
乾香菇	6～7 朵
雞腿	1 支
水	適量

作法

① 乾香菇泡水（材料分量外）備用。

② 雞肉洗淨，以滾水汆燙一下撈起備用。

③ 取一湯鍋，放入蔭瓜、泡發香菇、雞肉，倒入蔭瓜湯汁、香菇水，再加入水至鍋子的九分滿。

 Tips 蔭瓜汁已有鹹度，可依個人口味再調整鹹淡。

④ 放入電鍋，外鍋加入二杯水，待開關跳起即完成。

Tips 也可以用瓦斯爐火烹煮，以中小火煮滾後，轉爐心火繼續煮至雞肉軟爛即可。

超市採買攻略

土雞切塊

乾香菇

淨碳水化合物 **12.9 g** | 脂肪 **50.3 g** | 熱量 **676 cal** | 膳食纖維 **7.1 g** | 蛋白質 **39 g**

鹽水雞

低醣飲食也能享用夜市美食？總有些時刻想要吃點爽口的料理，這道夜市人氣美食，在家也能輕鬆復刻，備料簡單、作法容易，作為宵夜、野餐都適合。

材料

雞胸肉或無骨雞腿排
.... 200g

小黃瓜 150g
花椰菜 100g
高麗菜 150g
玉米筍 60g
青蔥 25g
薑 .... 3 片

▼ 調味料

鹽 5g
鹽麴 3g
胡椒 .... 適量
米酒 10ml
香油 10ml

超市採買攻略

雞胸肉

高麗菜

作法

1. 將小黃瓜、花椰菜、高麗菜洗淨切塊，青蔥切末。
2. 煮一鍋水燙熟所有青菜，撈起瀝乾備用。
3. 雞肉、薑片一同放入湯鍋，雞肉燙熟後撈起瀝乾。
4. 所有食材放涼，將雞肉剝成絲狀或塊狀。
5. 將雞肉、蔬菜與所有調味料拌勻，撒上蔥花即完成。

Tips 冰鎮過後會更好吃。

淨碳水化合物 **11.2 g** | 脂肪 **32.5 g** | 熱量 **530 cal** | 膳食纖維 **3.7 g** | 蛋白質 **42.1 g**

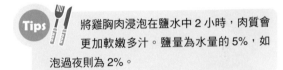

焗烤雞肉櫛瓜

雞肉與起司的組合總是讓人吮指，再搭配清爽的櫛瓜、甜椒解膩，美味程度不輸餐廳料理。使用烤箱或氣炸鍋製作，優雅出餐不費力。

材料

櫛瓜 ····················· 250g
甜椒 ····················· 85g
雞胸肉 ··················· 150g
雞蛋 ····················· 1 顆
起司絲 ··················· 30g
橄欖油 ··················· 20ml
鹽 ······················· 適量
黑胡椒粉 ················· 適量

作法

① 櫛瓜刨片狀，放入刷上一層油的烤皿。

② 甜椒切成絲狀，鋪放在櫛瓜上面，再放上雞胸肉。

Tips 將雞胸肉浸泡在鹽水中 2 小時，肉質會更加軟嫩多汁。鹽量為水量的 5%，如泡過夜則為 2%。

③ 撒上鹽、黑胡椒，打入雞蛋，鋪上起司絲。

④ 在表面均勻刷上橄欖油，放入氣炸鍋以 180℃烘烤 15 ～ 20 分鐘即可。若使用烤箱，180℃預熱後，烘烤 20 ～ 25 分鐘。

Tips 起司絲及蔬菜上都要刷上一層油，避免焦化。

超市採買攻略

雞胸肉

櫛瓜

淨碳水化合物
5.9 g

脂肪	熱量	膳食纖維	蛋白質
18 g	365 cal	2.4 g	38.7 g

燒鳥串

不管是三五好友相聚聊天、夫妻兩人共享甜蜜時光、或是一個人享受自在獨處，
隨手拿一串燒鳥串，咀嚼中齒頰飄香的滋味，品嚐過後就會一再想起。

材料

雞腿肉 …………………… 200g
小黃瓜 …………………… 150g
甜椒 ……………………… 85g
小番茄 …………………… 60g

▼ 調味料

孜然粉 …………………… 適量
胡椒鹽 …………………… 適量
白芝麻 …………………… 適量

▼ 醃料

醬油 ……………………… 15ml
米酒 ……………………… 5ml
蒜末 ……………………… 適量

作法

1. 先將竹籤泡水備用。
2. 雞腿肉去骨切丁，放入拌勻的醃料中靜置半小時。
3. 小黃瓜切小段，甜椒去籽切小塊，小番茄對半切。
4. 用竹籤將雞肉與蔬果串起，再撒上孜然粉、胡椒鹽調味。
5. 取一平底鍋，以中小火煎熟雞肉，適時刷上醃料醬並翻面。

 Tips 也可以烤箱預熱 180℃ 烤 15 分鐘，翻面再烤 10 分鐘。

6. 待雞肉全熟撒上白芝麻就完成了。

超市採買攻略

雞腿排切塊　　　　小黃瓜

淨碳水化合物

	脂肪	熱量	膳食纖維	蛋白質
9.2 g	14 g	337 cal	2.6 g	39.9 g

雞肉披薩

這道雞肉披薩，以雞肉取代餅皮，再鋪上滿滿的配料、撒上起司，熱呼呼出爐享用，絕對飽足又滿足。

材料

雞胸肉	150g
洋蔥	50g
蘑菇	70g
小番茄	40g
菠菜	40g
番茄醬	適量
起司絲	50g
黑胡椒	適量
辣椒片	適量

超市採買攻略

雞胸肉　　　　洋蔥

作法

① 雞胸肉用蝴蝶刀對半切，大約留下 1 公分不切斷再攤開，可增加雞胸肉面積，當作披薩餅皮。

② 洋蔥切絲，蘑菇切片，小番茄切片，菠菜切碎。

③ 將雞胸肉放在烘焙紙上，先塗上一層番茄醬，再鋪上所有蔬菜，撒上起司絲。

Tips 可以依個人喜好，替換成其他低醣食材或醬料。

④ 烤箱預熱，以 170℃烤 20 分鐘，出爐後再撒上黑胡椒、辣椒片即可。

Pork Recipes

Part 4　豬肉料理

酸菜炒白肉

酸白菜除了煮湯，用來拌炒更能品嘗出爽脆酸甜，搭配富含好油脂的五花肉，清爽開胃不油膩。

材料

豬五花肉片	150g
酸白菜	150g
青蔥	25g
辣椒	1 根
大蒜	2 瓣
橄欖油	10ml
鹽	適量

▽ 醃料

醬油	15ml
米酒	10ml

作法

1. 豬肉以醃料醃半小時。酸白菜、蔥切段，辣椒、蒜頭切片。

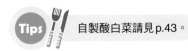
Tips 自製酸白菜請見p.43。

2. 乾鍋以中小火先拌炒酸白菜，讓湯汁收乾後盛盤備用。
3. 起油鍋稍微煸炒豬五花肉片，再加入蒜片爆香。
4. 放入酸白菜、鹽翻炒入味，待豬肉熟透時加入辣椒、蔥段稍微拌炒，熄火盛盤。

超市採買攻略

豬五花肉片

大蒜

淨碳水化合物
27.3 g

脂肪	熱量	膳食纖維	蛋白質
25.6 g	559 cal	11.9 g	55.5 g

豆漿味噌鍋

利用簡單的方式煮出鮮甜高湯，省去熬煮的冗長時間，聰明快速享用海陸珍味。

材料

高湯或飲用水	700ml
無糖豆漿	375ml
味噌	50g
豬肉片	280g
玉米筍	60g
牛番茄	75g
蛤蜊	6〜10 顆
葉菜類	300g
蕈菇類	50g

作法

① 高湯加入無糖豆漿，以中火加熱。

Tips 選擇豆漿時記得挑選無糖、非基因改造黃豆，成分單純的種類。

② 煮滾前，利用篩網與湯匙以壓磨方式將味噌融入湯底。

③ 先放入玉米筍、牛番茄等耐煮蔬菜，增加湯底鮮甜。

④ 待湯微滾時放入葉菜類、蕈菇類、蛤蜊與豬肉片。

⑤ 食材涮熟即可享用熄火享用。

Tips 豆漿鍋要以中小火慢慢煮滾，才不會冒出髒髒醜醜的泡泡，或變成碎豆花狀。

超市採買攻略

豬五花肉片

牛番茄

淨碳水化合物	脂肪	熱量	膳食纖維	蛋白質
24.8 g	91 g	1162.5 cal	3.7 g	55.9 g

低醣糖醋排骨

難忘傳統糖醋排骨脆嫩酸甜的好滋味？但是裹上精緻澱粉與精緻糖，往往讓低醣飲食者卻步。圈媽更換了調味方式，製作出適合減醣飲食的糖醋排骨，快來試試看吧！

材料

豬小排	300g
甜椒	200g
牛番茄	50g
橄欖油	20ml
玫瑰鹽	1g
黑胡椒粉	適量
香蒜粉	適量
白巴薩米克醋	35g
（或醋 35g ＋赤藻糖醇 8g）	
無糖醬油	35g
開水	120ml

作法

1. 將豬小排洗淨、瀝乾，用餐巾紙吸乾水分。
2. 將牛番茄、甜椒切成適口大小備用。
3. 鍋內放入橄欖油，將排骨肉煎至各面微焦，撒上黑胡椒粉、玫瑰鹽調味，繼續煎至各面呈金黃色。
4. 調配醬汁，將白巴薩米克醋與無糖醬油調和均勻。

Tips
1. 白巴薩米克醋可用醋加赤藻糖醇，或檸檬汁加赤藻糖醇替代。
2. 如果喜歡更酸甜的滋味，可增加白巴薩米克醋比例。

5. 鍋內加入香蒜粉，倒入醬汁，稍微翻拌後倒入開水。
6. 將爐火調小，靜待約 15 分鐘，中途適時翻動排骨使其沾附醬色。切勿使用大火，避免醬汁易焦且肉會變韌。
7. 加入甜椒翻拌均勻再煮約 10 分鐘，待排骨燉軟以中火收乾醬汁，並翻拌排骨沾附醬汁。
8. 起鍋前再加入番茄稍微拌一下，或盛起後再裝飾。

超市採買攻略

豬小排

奶油豬肉菠菜盅

簡單又美味的懶人料理，把全部食材攪拌均勻烘烤即完成。可改用數個小烤皿做迷你盅，就是可口派對點心。

材料

櫛瓜	250g
小番茄	10g
甜椒	30g
菠菜	50g
洋蔥	15g
大蒜	10g
橄欖油	5ml
起司絲	30g
雞蛋	3 顆
鮮奶油	50ml
粗豬絞肉	100g
鹽	2g
黑胡椒	1g

作法

1. 櫛瓜、小番茄和甜椒切丁，菠菜、洋蔥切碎，大蒜切末，蛋液攪拌均勻。
2. 將起司絲以外的其餘食材攪拌拌勻，可留下少許甜椒與番茄切末作為裝飾用。
3. 在烤皿四周與底部刷上一層油，填入食材，在表面撒上起司絲，在最上方裝飾甜椒或番茄末。
4. 烤箱預熱 160℃，烤約 20 分鐘即可出爐。

超市採買攻略

豬絞肉　　　菠菜

古早味炸排骨

炸排骨是充滿回憶的台灣古早味，即使不使用精緻澱粉，也能製作出符合低醣飲食的香酥裹粉，一解口慾。

材料

梅花肉片 …… 5 片，300g
炸油 ………………… 適量
（橄欖油、豬油或烹飪用椰油皆可）

▼ 醃料

無糖醬油 …………… 30g
米酒 ………………… 5g
蒜泥 ………………… 少許
胡椒粉 ……………… 少許
五香粉 ……………… 少許
玫瑰鹽 ……………… 適量

▼ 粉皮

杏仁粉（烘焙用）… 50g
帕瑪森起司粉 ……… 5g
玫瑰鹽 ……………… 適量
黑胡椒 ……………… 適量

超市採買攻略

豬梅花肉

作法

① 醃料混合均勻，將肉片放入抓醃均勻，冷藏半小時。

 Tips 若使用里肌肉須先拍薄斷筋，肉質才會軟嫩。

② 粉皮材料攪拌均勻後，將步驟 **1** 的肉片均勻壓按上粉，待全部肉片裹粉後靜置回潮，再壓按上粉一次，避免煎炸時酥炸外皮掉落。

③ 起油鍋以中火加熱，出現油紋時丟一小塊粉塊測試，周圍冒出許多氣泡時即可放入肉片。

 Tips 用油炸或煎的方式皆可，我是用油量淹過肉片 1/2 的方式煎，剩下的油剛好炒一盤菜。

④ 肉片放入後不要移動，直到側邊粉皮呈現金黃色再翻面。

 Tips 太頻繁翻動肉片容易掉粉喔！

⑤ 煎好的肉片先放置一旁，等全部煎好，轉大火略煎一下逼油搶酥，香噴噴的傳統排骨即可上桌！

淨碳水化合物	脂肪	熱量	膳食纖維	蛋白質
22.1 g	48.9 g	668 cal	6.8 g	29.9 g

泡菜豬五花炒花椰菜米

使用白花椰菜末取代米飯，好吃、健康、無負擔，還能增加膳食纖維。搭配韓國泡菜爽辣開胃，加上起司更是絕配滋味。

材料

材料	份量
花椰菜米	250g
豬五花肉片	100g
無糖韓國泡菜	80g
A 菜	50g
洋蔥	40g
甜椒	30g
大蒜	15g
青蔥	25g
雞蛋	1 顆

▼ 調味料

調味料	份量
橄欖油	10ml
無糖醬油	5ml
玫瑰鹽	1.5g
辣椒粉	3g
黑胡椒粉	1g
帕瑪森起司粉	10g

作法

1. 將豬五花肉片、A 菜和泡菜切適口大小，洋蔥、甜椒切絲，大蒜、青蔥切末。
2. 起油鍋，以中小火將五花肉片稍微煸過，加入蒜末、洋蔥炒香。
3. 放入花椰菜米、韓國泡菜，拌炒均勻。
4. 打入雞蛋炒散，加入鹽、辣椒粉、黑胡椒粉調味。
5. 加入 A 菜、甜椒拌勻炒熟後，撒上蔥花與帕瑪森起司粉，起鍋盛盤。

超市採買攻略

豬五花肉片　　　　花椰菜粒

淨碳水化合物	脂肪	熱量	膳食纖維	蛋白質
5.6 g	207.4 g	2262 cal	0.4 g	89.7 g

日式叉燒

先煎後燉煮的作法，讓日式叉燒軟嫩不油膩，好吃的讓人一片接一片停不下來，是道老少皆宜的料理。

材料

豬五花肉	600g
青蔥	25g
薑	2 片
酪梨油	10ml

▼ 醬汁

高粱酒	15ml
無糖醬油	50ml
開水	150ml
赤藻糖醇	5g
白胡椒粉	適量

超市採買攻略

豬五花肉

作法

① 用保鮮膜將豬五花捲成圓柱狀加以固定，放入冰箱冷凍半小時以上，幫助定型。

② 取出五花肉、拆開保鮮膜，以棉繩繞圈捆綁固定形狀。

③ 起油鍋，將五花肉放入平底鍋，以中小火將五花肉煎至表面呈金黃色。

④ 將步驟 **3** 的五花肉、所有食材及調味料放入電鍋內鍋，外鍋加入 2 杯水蒸煮。

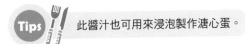 **Tips** 此醬汁也可用來浸泡製作溏心蛋。

⑤ 電鍋跳起後，再燜 30 分鐘，冷卻後以密封容器盛裝，放入冰箱冷藏一夜。

Tips 盡量使用比較小的內鍋，讓醬汁淹過五花肉，如果無法完全淹過，中途需加以翻面才能均勻上色。

⑥ 隔日取出五花肉、取下棉繩，切片即可直接享用。

淨碳水化合物

	脂肪	熱量	膳食纖維	蛋白質
4.2 g	39.8 g	448 cal	4.3 g	28.9 g

低醣叉燒拉麵

利用櫛瓜製作成櫛瓜麵，取代一般麵條，美味不減。櫛瓜麵口感佳，營養豐富，讓日式叉燒麵也能大方端上低醣餐桌。

材料

櫛瓜	250g
叉燒	100g
青江菜	70g
玉米筍	30g
溏心蛋	1 顆
海苔	適量
高湯	700g

作法

1. 利用蔬果削鉛筆機或是刨絲刀將櫛瓜削成細長條狀，做成櫛瓜麵。

2. 將櫛瓜麵放入滾水中燙 1 分鐘後撈起瀝乾。
3. 將青江菜、玉米筍燙熟，高湯加熱備用。

 Tips 高湯作法可參考 p.97 豆漿味噌鍋。

4. 將櫛瓜麵、青江菜、玉米筍、p.107 的叉燒肉擺放於湯碗中，加入適量高湯與少許叉燒醬汁，最後再放上對切溏心蛋與海苔。

Tips 溏心蛋的作法請見 p.49。

超市採買攻略

青江菜　　　櫛瓜

淨碳水化合物
23.2 g

脂肪	熱量	膳食纖維	蛋白質
38.3 g	791 cal	86.7 g	46.2 g

低醣油飯

白花椰菜米除了能製作成好吃的炒飯外，還能料理成美味的無澱粉油飯。和一般油飯相似程度極高的低醣油飯，絕對能讓你安心地大口享用。

材料

鵝油蔥酥	20g
酪梨油	10ml
金鉤蝦	10g
乾香菇	20g
豬肉絲	150g
花椰菜米	300g
洋車前子粉	30g

▼ 調味料

無糖醬油	30g
黑胡椒	少許
五香粉	少許
薑絲	少許
高粱酒	10g

作法

1. 香菇泡發後瀝乾切絲備用，香菇水留著。
2. 將所有調味料混合均勻，將豬肉絲加入調味料攪拌均勻醃漬一會兒。
3. 在鍋中放入鵝油蔥酥、酪梨油爆香泡發好的香菇、金鉤蝦。
4. 加入步驟 2 的豬肉絲與醃料拌炒後，加入花椰菜米翻炒上色。
5. 加入洋車前子粉快速拌勻，再倒入約 40ml 的香菇水，炒至稍微收乾即可。

Tips 洋車前子粉易結塊，需均勻分散撒入並快速拌勻。

超市採買攻略

豬肉絲　　　　　　花椰菜粒

淨碳水化合物

16.1 g	脂肪	熱量	膳食纖維	蛋白質
	57 g	838 cal	4.7 g	59.8 g

味噌烤豬梅花佐生菜

吃膩中式調味時，可試試這道異國風味的肉類料理。製作簡單無油煙，輕鬆享受美味，適合全家人共享。

材料

豬梅花	280g
生菜	150g

▼ 醃料

味噌	50g
醬油	20ml
橄欖油	15ml
高粱酒	10ml
蘋果泥	20ml

作法

1. 將豬五花洗淨擦乾，均勻抹上調和好的醃料，冷藏靜置 1 小時。
2. 將烤箱預熱，將豬五花以 180 度 ℃ 烘烤 15 分鐘後，翻面再烤 10 ～ 15 分鐘。

 Tips 也可擦掉醃料後用平底鍋乾煎。

3. 取出靜置冷卻再切片，搭配生菜享用。

超市採買攻略

豬梅花肉

苦茶油野菇松阪溫沙拉

想吃沙拉又不想吃生冷食材時，來一盤溫沙拉，讓味覺、視覺都得到無比享受。
不管作為早餐或午晚餐，都很適合。

材料

松阪豬	150g
大蒜	3 瓣
小番茄	30g
鴻禧菇	30g
美白菇	30g
玉米筍	30g
綠花椰	50g
酪梨	半顆
九層塔	適量
苦茶油	20ml

▼ 調味料

海鹽	適量
巴薩米克醋	10ml
黑胡椒粉	適量
帕瑪森起司粉	20g

作法

1. 大蒜切片、酪梨切適口大小、小番茄對切。
2. 以中小火加熱油鍋，用苦茶油將松阪豬煎熟切片備用。
3. 鴻禧菇、美白菇、玉米筍、綠花椰、蒜片炒熟備用。
4. 取一沙拉缽，放入步驟 3 炒好的蔬菜，擺上松阪豬、酪梨、小番茄。
5. 撒上九層塔，加入所有調味料即可。

超市採買攻略

酪梨　　　　　松阪豬

Beef Recipes

Part 5　牛肉料理

淨碳水化合物

16.4 g	脂肪	熱量	膳食纖維	蛋白質
	68.7 g	842 cal	4.2 g	36.2 g

（每一份）

花生巧克力牛肉堡

巧克力與花生醬較常出現在甜點類食物中,不過無糖花生醬與 90% 巧克力其實可甜可鹹,拿來當作牛肉堡的餡料,美味且毫無違合感。

材料

美生菜	80g
洋蔥	40g
牛番茄	1 片
起司片	1 片
橄欖油	10ml
無鹽奶油	10ml

▼ 漢堡排

牛絞肉	300g
雞蛋	1 顆
鹽	適量
黑胡椒	適量

▼ 醬料

無糖花生醬	30g
90% 巧克力	20g

作法

❶ 生菜洗淨瀝乾,取出完整葉片交疊備用。

❷ 將一半分量的洋蔥切末,剩下的則切成圈狀備用。

❸ 鍋內放入橄欖油、無鹽奶油,以中小火將洋蔥末炒軟,盛起放涼備用。

❹ 將漢堡排所有食材、步驟 3 炒軟的洋蔥末攪拌均勻,攪打至產生黏性,塑形成漢堡排。

❺ 以中小火將漢堡排煎熟盛起,放上起司片、巧克力、無糖花生醬。

Tips 利用漢堡排剛煎好的熱度融化巧克力跟起司。

❻ 將食材依序層層堆疊:美生菜、步驟 5 的漢堡排、番茄片、洋蔥片、美生菜,組裝完成即可享用。

超市採買攻略

牛番茄　　　　　牛絞肉

淨碳水化合物
14.7 g

脂肪	熱量	膳食纖維	蛋白質
26.4 g	402.9 cal	4 g	25.3 g

牛肉蔬菜炒餅

聽說炒餅是以前眷村媽媽勤儉持家下發揮的創意，利用吃不完的餅皮，加上新的食材，變身而成的美味菜色。低醣萬用餅皮有著 Q 彈口感，可以取代由精緻碳水化合物所組合的傳統麵條。

材料

低醣萬用餅皮	2 片
牛肉絲	100g
蒜片	10g
洋蔥絲	50g
紅蘿蔔絲	50g
黑木耳	50g
高麗菜	180g

▼ 調味

醬油	10ml
玫瑰鹽	適量
白胡椒	適量
橄欖油	15ml

超市採買攻略

牛肉絲

作法

❶ 將 p.63 的低醣餅皮切成條狀備用。

❷ 將高麗菜、洋蔥、紅蘿蔔、黑木耳洗淨切成絲狀。

❸ 起油鍋，以中小火先爆香蒜片，放入紅蘿蔔絲與洋蔥絲拌炒，再放入牛肉、黑木耳拌炒至熟。

❹ 放入高麗菜炒軟，最後加入餅皮翻炒並調味即可。

 Tips 和一般炒麵的作法不同，此道偽炒麵不需要額外添加水分，不然低醣餅皮會太過軟爛。

碳水化合物	脂肪	熱量	膳食纖維	蛋白質
13.2 g	157.8 g	1846cal	4.5 g	95.3 g

瑞典牛肉丸

顛覆你對肉丸子的印象，尋常的食材搭配，風味竟然可以這麼迷人！清新與濃郁的矛盾，在嘴裡巧妙的融合。

材料

▼ 材料 A

牛絞肉	300g
豬絞肉	150g
洋蔥末	100g
烘焙杏仁粉	30g
蒜末	10g
動物性鮮奶油	40ml
胡椒粉	適量
五香粉	適量
鹽巴	適量

▼ 材料 B

無鹽奶油	30g
動物性鮮奶油	70ml
高湯	150ml
黃芥末醬	10ml
醬油	10ml
洋車前子粉	5g

作法

❶ 將食材 A 的全部材料放入調理機中混合攪拌均勻，攪打至有黏性，取出並塑形成小顆肉丸子。

❷ 起油鍋（材料分量外）以中小火煎熟肉丸子，盛盤備用。

❸ 將材料 B 調和均勻，放入鍋中加熱，再放入肉丸子均勻裹上醬汁，待醬料稍微收乾濃稠即可盛盤。

超市採買攻略

豬絞肉

牛絞肉

紅酒牛肉咖哩

酷熱的夏季、漸涼的秋分、冷冽的冬日、和煦的春天，都很適合品嘗這道濃郁的異國風咖哩。

材料

牛肋條	1kg
洋蔥	600g
紅蘿蔔	250g
蘋果	100g
蒜頭	3 瓣
咖哩粉	40g
紅椒粉	10g
五香粉	10g
鹽	適量
黑胡椒	5g
開水	300ml
高湯或水	800ml
紅酒	200ml
巴薩米克醋	10ml
義式香料	5g
橄欖油	10ml
無鹽奶油	30g

超市採買攻略

牛肋條

作法

① 牛肋擦乾切大塊，加入鹽、黑胡椒稍微醃漬一下。

② 蒜頭切片，洋蔥切絲，紅蘿蔔切塊，蘋果磨成泥備用。

③ 在鑄鐵鍋中加入橄欖油，放入洋蔥絲拌炒，加入少許鹽幫助軟化，再將 300ml 的水分成五次加入並一邊拌炒，避免燒焦。

④ 加入蒜片、紅椒粉、咖哩粉、五香粉炒香後，加入高湯以小火燉煮。

⑤ 另起一油鍋，將牛肋塊煎至焦香，再加入紅蘿蔔大略拌炒一下，倒入紅酒，以小火燉煮約 15 分鐘後，把食材全部放入步驟 **4** 的洋蔥咖哩鍋，加入蘋果泥、巴薩米克醋、義式香料，蓋上鍋蓋，以小火燉煮 1.5 小時。

Tips 加入巴薩米克醋、蘋果泥可讓肉質軟化，湯頭鮮甜。

⑥ 熄火後放入奶油攪拌均勻即可。或是靜置 2 小時以上，讓肉入味會更好吃。

淨碳水化合物

10 g

脂肪	熱量	膳食纖維	蛋白質
29 g	474 cal	8.9 g	40.6 g

香根滑蛋牛肉粥

如果你是香菜愛好者，可以盡情的將香菜加入這道料理中，增添其風味。如果無法接受香菜特殊的香氣，也可以芹菜末或是蔥花取代。

材料

火鍋牛肉片	100g
花椰菜米	200g
青蔥	25g
香菜	20g
紅蘿蔔	30g
鴻禧菇	30g
白木耳	25g
開水	100ml
高湯	500ml
雞蛋	2 顆
薑末	少許

▼ 醃料

醬油	10ml
白胡椒	適量

▼ 調味料

白胡椒粉	適量
玫瑰鹽	適量

作法

1. 牛肉片切成適口大小，加入醃料抓勻備用。
2. 青蔥切末，香菜去葉切末，紅蘿蔔切片，鴻禧菇撕開備用。
3. 將白木耳、水加入調理機或果汁機中打碎後，倒入湯鍋與高湯一同煮滾。
4. 放入花椰菜米、紅蘿蔔、1/3 的香菜末及薑末一起熬煮。
5. 待湯汁稍微變黏稠時，放入鴻禧菇、牛肉片煮熟並加入白胡椒粉、鹽調味。
6. 放入全部的香菜末與蔥花攪拌，倒入打散的蛋液即可。

Tips 蛋液下鍋後靜置一下再攪拌，成品會更加漂亮。

超市採買攻略

牛梅花火鍋片　　　　　花椰菜粒

牛肉麻婆豆腐

辛香料的存在感與雞蛋豆腐的柔嫩滑順，形成一種絕佳的平衡。可以搭配花椰菜米或用生菜包覆，中和辛辣感。

材料

雞蛋豆腐	250
牛絞肉	200g
青蔥	50g
薑	5g
蒜頭	20g
辣椒	5g
花椒粒	適量
橄欖油	10ml

▼ 調味料

高粱酒	10ml
辣豆瓣醬	1 大匙
醬油	15ml
辣椒油	10ml
開水	100ml

超市採買攻略

牛絞肉

雞蛋豆腐

作法

❶ 辣椒、蒜頭、薑及青蔥切末，雞蛋豆腐切小塊，花椒粒壓碎。

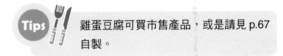
Tips 雞蛋豆腐可買市售產品，或是請見 p.67 自製。

❷ 起油鍋，以中小火拌炒牛絞肉至半熟，加入蔥白、蒜末、辣椒、花椒、薑末拌炒。

❸ 嗆入高粱酒後，加入辣豆瓣醬、醬油翻炒。

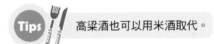
Tips 高粱酒也可以用米酒取代。

❹ 倒入開水、辣椒油與雞蛋豆腐後輕柔拌勻，蓋上鍋蓋燜 3 分鐘。

❺ 撒上蔥綠盛盤享用。

淨碳水化合物	脂肪	熱量	膳食纖維	蛋白質
8.8 g	59.1 g	807 cal	2.8 g	56.6 g

淨碳水化合物

4.2 g	脂肪	熱量	膳食纖維	蛋白質
	48.9 g	557.7 cal	2.3 g	24.7 g

（每一份）

雲朵蛋漢堡排

這道料理以雲朵、植物、大地的童趣構思，讓餐桌成為食物藝術展演空間，製作出一份有顏質又有品質的減醣餐點。

材料

橄欖油	適量
雲朵蛋	1 個
小黃瓜	150g

▼ 漢堡排

牛梅花肉片	200g
豬五花肉片	100g
洋蔥	50g
蒜頭	8g
雞蛋	1 顆
帕瑪森起司粉	5g
玫瑰鹽	1g

作法

❶ 將漢堡排的全部材料放入食物調理機中，絞打至有黏性。

❷ 將攪打好的絞肉取出，分成三等分，用手捏成圓形，稍微摔打，塑形成漢堡排。剩餘的兩個漢堡排如不食用，可密封冷藏或冷凍保存。

❸ 起油鍋，放入漢堡排，將中央按壓一個小凹痕，避免中間沒熟，煎的過程會稍微膨脹恢復飽滿。一面煎上色後再翻面，將兩面煎熟呈金黃色。

 **Tips** 煎的時候不要用鍋鏟重壓，避免肉汁流失、降低美味。

❹ 將小黃瓜橫向刨成片狀，與漢堡排、雲朵蛋（見 p.132）堆疊即完成。

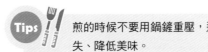
超市採買攻略

牛梅花火鍋片　　　　豬五花肉片

淨碳水化合物	脂肪	熱量	膳食纖維	蛋白質
1 g	4.7 g	72 cal	0 g	6.7 g

雲朵蛋

材料

雞蛋 ⋯⋯⋯⋯⋯⋯ 1 顆

作法

❶ 將烤箱預熱 180℃。蛋白、蛋黃分開。

❷ 將蛋白用電動打蛋器打至硬性發泡（直挺不滴落）後，在烘焙紙上堆成團狀。

❸ 用湯匙背面在蛋白團中央壓一個凹槽，放入烤箱烤 5 分鐘。

❹ 取出烤蛋白，將蛋黃放入凹槽，再烤 3 分鐘即可。

紅燒牛肉

這道料理加了多種根莖蔬菜，讓湯頭產生滑順甜味，與牛肋的豐富油脂十分契合，是台灣街頭巷尾、家家戶戶常見的傳承美食。

材料

牛肋條……………… 600g

小型紅蘿蔔 ………… 250g

小型白蘿蔔 ………… 600g

青蔥 ………………… 75g

高粱酒……………… 20ml

滷包 ………………… 1 個

開水 …… 1000 ～ 1200ml

橄欖油……………… 20ml

▼ 調味 A

薑 ……………… 5 片，25g

辣椒 ………………… 5g

蒜頭 ………………… 30g

洋蔥 ……………… 150g

▼ 調味 B

辣豆瓣醬 …………… 20ml

番茄醬……………… 20ml

醬油 ……………… 50ml

五香粉……………… 適量

作 法

❶ 將牛肋洗淨去雜質，切成大塊，以熱水汆燙後撈起瀝乾備用。

❷ 紅蘿蔔、白蘿蔔切塊，青蔥切段，洋蔥切塊備用。

❸ 起油鍋，放入牛肋煎至表面呈金黃色，嗆入高粱酒翻炒。

❹ 放入蔥白與調味 A 炒香後，再加入調味 B 繼續拌炒。

❺ 放入紅、白蘿蔔略炒上色，加入適量開水、滷包，加蓋燉煮。以中小火燉煮約 1 小時至肉軟，撒上蔥綠即可。

超市採買攻略

牛肋條

滷味包

淨碳水化合物	脂肪	熱量	膳食纖維	蛋白質
79.2 g	110 g	1850 cal	28.4 g	125.7 g

淨碳水化合物	脂肪	熱量	膳食纖維	蛋白質
17.9 g	18.6 g	373 cal	10.8 g	33.3 g

紅燒牛肉麵

牛肉麵是台灣經典小吃之一，每一家有各自的經典祕方與獨特滋味。我們以櫛瓜麵替代傳統麵條，讓家常牛肉麵也可以大方端上低醣餐桌。

材 料

櫛瓜 ……………… 500g
小白菜……………… 100g
蔥花 ………………… 20g
熱水 ……………… 適量
紅燒牛肉…………… 1 份

作 法

① 小白菜洗淨切段。

② 利用蔬果削鉛筆機或刨絲刀將櫛瓜削成細長條狀，做成櫛瓜麵。

③ 煮一鍋熱水，將櫛瓜麵快速燙一下，約 10 秒後撈起。小白菜燙熟。

④ 將櫛瓜麵放入湯碗，舀入 p.134 的紅燒牛肉，加入適量熱水稀釋，擺上小白菜、撒上蔥花即完成。

淨碳水化合物

29.1 g	脂肪	熱量	膳食纖維	蛋白質
	190.3 g	2212 cal	12.8 g	96.4 g

青醬牛肉千層麵

肉醬千層麵的層層堆疊，造就多重口感與豐富滋味，利用原型食物取代精緻麵食，健康加分無負擔。

材料

牛絞肉⋯⋯⋯⋯⋯⋯⋯ 200g

茄子⋯⋯⋯⋯⋯⋯⋯ 300g

洋蔥⋯⋯⋯⋯⋯⋯⋯50g

蘑菇⋯⋯⋯⋯⋯⋯⋯ 140g

自製青醬⋯100g（見 p.51）

動物性鮮奶油⋯⋯⋯⋯50ml

馬扎瑞拉起司⋯⋯⋯ 100g

披薩起司⋯⋯⋯⋯⋯ 100g

橄欖油⋯⋯⋯⋯⋯⋯ 少許

超市採買攻略

牛絞肉

茄子

作法

❶ 茄子橫切成薄片狀，微波 1 分鐘備用。

Tips 茄子可以用櫛瓜或小黃瓜代替，不需先微波。

❷ 洋蔥、蘑菇切末，馬扎瑞拉起司切片。

❸ 起油鍋，放入牛絞肉、洋蔥及蘑菇一起拌炒至顏色變深。

❹ 加入鮮奶油、青醬與步驟 **3** 的絞肉翻炒均勻盛起備用。烤箱預熱 200℃。

❺ 取一烤皿，在四周與底部刷上一層油，底部先鋪滿茄子片，再鋪一層肉醬，最後鋪上馬扎瑞拉跟少許披薩絲，重複動作至鋪滿食材，表面再鋪上厚厚的披薩絲。

❻ 放入烤箱，以 200℃烘烤 20 分鐘即可出爐。

泡菜牛肉炒野菇

圈媽的第一本書《日日減醣瘦身料理》中，有無糖泡菜的示範，大家如果在市面上買不到無糖泡菜，也可以自己製作喔！

材料

無糖韓國泡菜	100g
牛五花肉片	200g
美白菇	50g
甜椒	30g
洋蔥	30g
蒜頭	10g
青蔥	1 支
醬油	10ml
白胡椒粉	適量
酪梨油	20ml

作法

1. 將肉片以醬油、白胡椒粉快速抓醃一下。
2. 甜叔、洋蔥切絲，蒜頭切片，青蔥切段，美白菇撥開來備用。
3. 起油鍋，以中小火爆香蔥白、蒜片、洋蔥後，再放入步驟1醃好的肉片。
4. 肉片炒至半熟時，放入美白菇、泡菜，翻拌均勻。
5. 最後再加入甜椒、蔥綠拌炒一下即可起鍋。

超市採買攻略

牛梅花火鍋片　　洋蔥

淨碳水化合物 **4.8 g**

脂肪	熱量	膳食纖維	蛋白質
81.1 g	903 cal	2.7 g	36.5 g

Seafood

Part 6 海鮮料理

Recipes

鮪魚大阪燒

大阪燒是日本平民美食，以蔬菜、雞蛋、麵糊，再搭配上個人喜愛的配料所製成，改成低醣版本就能大快朵頤了。

材料

酪梨油	10ml
鮪魚罐頭	75g
高麗菜	50g
紅蘿蔔	10g
洋蔥	10g
雞蛋	1顆

▼ 粉類材料

烘焙杏仁粉	20g
洋車前子粉	2g
玫瑰鹽	1g

▼ 裝飾

無糖醬油	15g
無糖美乃滋	20g
海苔絲	適量
柴魚片	適量

作法

1. 將粉類材料攪拌混合均勻。
2. 將高麗菜、紅蘿蔔、洋蔥洗淨切成絲狀，再加入酪梨油、鮪魚、雞蛋攪拌均勻。
3. 將步驟 **1**、**2** 的材料混合均勻。
4. 平底鍋熱油（材料分量外），倒入步驟 **3** 的粉漿，以中小火慢慢煎熟並一邊利用鍋鏟塑形，定型後翻面再煎至上色熟透即可盛盤。
5. 在表面裝飾美乃滋、醬油、海苔絲及柴魚片即可。

超市採買攻略

紅蘿蔔　　　鮪魚罐頭

淨碳水化合物	脂肪	熱量	膳食纖維	蛋白質
6.3 g	41.5 g	517 cal	2.9 g	28.2 g

淨碳水化合物

3.2 g

脂肪	熱量	膳食纖維	蛋白質
27.1 g	432 cal	1.3 g	40.6 g

薑黃鮮蝦餅

薑黃除了有增色效果外，也有一些促進代謝的食療效果。善用食物調理機，可以快速切碎食物，也能充分融合拌勻並產生黏性。如果手邊沒有調理機也無妨，利用菜刀剁碎後，再以同方向快速攪拌均勻至產生黏性。

材 料

豬絞肉	150g
蝦仁	100g
紅蘿蔔丁	30g
洋蔥	10g
薑	1 片
青蔥	5g

▼ 調味料

薑黃粉	0.5g
玫瑰鹽	1.5g
白胡椒粉	1g
無糖醬油	5ml
酪梨油	5ml

超市採買攻略

豬絞肉　　　蝦仁

作 法

❶ 取出 1/4 的蝦仁切丁備用，其餘蝦仁連同全部食材與調味料都放入調理機中。

❷ 啟動調理機攪打，將食材切碎並充分融合至產生些微黏性。

❸ 取出蝦肉泥，加入步驟 **1** 預留的蝦仁丁，用湯匙稍微混合均勻增加口感。

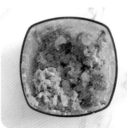

❹ 起油鍋（材料分量外），用湯匙挖 50g 蝦肉泥放入，利用鍋鏟輕輕下壓成稍扁的形狀，以中小火慢慢煎至上色定型後可翻面。

❺ 翻面後繼續煎至全熟、微微焦黃即可盛盤。

鮪魚酪梨沙拉

這道料理可作為快速早餐、餐與餐之間的點心，或是宴客前菜、冷盤，都很適合。酪梨可先拌過檸檬汁，可防止氧化變色。不喜歡沙拉水分太多的話，可以剔除番茄籽。

材料

酪梨	165g
洋蔥	50g
蒜頭	5g
牛番茄	50g
鮪魚罐頭	150g
水煮蛋	1 顆
鹽	適量
黑胡椒	少許
無糖美乃滋	30g

作法

❶ 酪梨去籽去皮後切適口大小，鮪魚罐頭瀝乾備用。

❷ 蒜頭、洋蔥切末，水煮蛋、牛番茄切成適口大小。

❸ 將所有材料混合均勻就完成了。

超市採買攻略

水煮蛋　　酪梨

淨碳水化合物	脂肪	熱量	膳食纖維	蛋白質
17.6 g	43.6 g	613.4 cal	7.1 g	36.5 g

透抽高麗菜沙拉

夏天沒胃口，或是不想在廚房揮汗做菜時，這道快速簡單的海鮮料理，可以讓你毫不費力的享用美味餐點。

材料

高麗菜	150g
番茄	80g
透抽	180g

▼ 醬料

無糖美乃滋	30g
辣豆瓣醬	2 大匙
黑胡椒	適量
鹽	1g
橄欖油	5ml

作法

1. 高麗菜切絲，用少許鹽抓醃均勻，微波 3 分鐘左右取出瀝乾水分。
2. 將透抽快速燙熟切段，番茄切成適口大小。

> **Tips** 可自行更換成章魚腳、小卷等海鮮。

3. 把全部醬料混合均勻，與透抽混合攪拌。
4. 在盤子上擺上高麗菜絲、透抽、番茄即可。

超市採買攻略

透抽

淨碳水化合物

11.3 g	脂肪	熱量	膳食纖維	蛋白質
	28.4 g	428 cal	3.7 g	29.9 g

淨碳水化合物	脂肪	熱量	膳食纖維	蛋白質
14.4 g	26.2 g	434 cal	6.7 g	38 g

蒜味海鮮櫛瓜麵

很多人乍看這道料理，都以為是真的義大利麵呢！其實是將櫛瓜刨削成長條狀，製作出相近的視覺與口感。如果買不到櫛瓜，也可以小黃瓜替代。

材料

蒜頭 ···················· 25g
蝦仁 ···················· 6 尾
蛤蜊 ···················· 10 顆
櫛瓜 ···················· 500g
辣椒 ···················· 5g
橄欖油 ·················· 20ml
玫瑰鹽 ·················· 適量
黑胡椒粉 ··············· 適量
起司粉 ·················· 15g

作法

❶ 蛤蜊放入鹽水（材料分量外）中吐沙，辣椒切圈備用。

❷ 利用蔬果削鉛筆機或刨絲刀將櫛瓜削成細長條狀，做成櫛瓜麵。

❸ 利用餐巾紙吸乾蝦仁水分，入油鍋煎至雙面約八分熟盛起備用。

❹ 蒜頭切片，放入橄欖油鍋中，以低溫小火煸香，放入櫛瓜麵下油鍋拌炒，再加入蛤蜊，待蛤蜊打開，加鹽、胡椒調味。

❺ 待櫛瓜稍微軟化後，放入蝦仁、辣椒，煮至喜愛的熟度即可盛盤。

❻ 撒上起司粉，即可享用。

超市採買攻略

蝦仁

櫛瓜

酸辣海鮮沙拉

酸辣開胃的菜色總能喚醒味蕾，在炎熱的夏日裡，來一盤新鮮又亮眼的沙拉，讓人食慾大開心情好。

材料

透抽	180g
蝦仁	50g
洋蔥	40g
檸檬	1 顆
生菜	50g
小番茄	5 顆
薑	2 片

▼ 醬料

蒜頭	1 瓣
辣椒	1 根
蘋果醋	15ml
赤藻糖醇	5ml

作 法

① 煮一鍋水，放入薑片、透抽、蝦仁燙約 4 分鐘，撈起切成適口大小備用。

> **Tips** 如果透抽和蝦仁較小，需縮短燙熟時間，以免影響口感。

② 洋蔥切絲，蒜頭切末，辣椒切圈，番茄對切一半。

> **Tips** 洋蔥泡冰水 5 分鐘，可去除辛辣味。

③ 檸檬對切，其中半顆切片備用。

④ 將醬料所有材料調和均勻。

⑤ 將生菜、洋蔥絲、海鮮擺放到盤子上，淋上醬料、擠入半顆檸檬汁。

⑥ 放上小番茄、檸檬片，即可享用。

超市採買攻略

透抽

淨碳水化合物	脂肪	熱量	膳食纖維	蛋白質
11.1 g	2.2 g	195 cal	3.1 g	30.6 g

照燒鯖魚飯

鯖魚除了煎、烤以外，換個吃法，以照燒的方式料理，也很開胃。以白花椰菜米取代米飯，就是一道油脂豐厚的鹹香低醣丼飯。

材料

鯖魚片 · · · · · · · · · · · · · · · 150g
橄欖油 · · · · · · · · · · · · · · · 10ml
薑絲 · · · · · · · · · · · · · · · · · 10g
花椰菜米 · · · · · · · · · · · · · 200g
青花菜 · · · · · · · · · · · · · · · · · 2 朵
玉米筍 · · · · · · · · · · · · · · · · 20g

▼ 醬料

無糖醬油 · · · · · · · · · · · · · 20ml
開水 · · · · · · · · · · · · · · · · · · 20ml
清酒 · · · · · · · · · · · · · · · · · · 10ml
赤藻糖醇 · · · · · · · · · · · · · · · 3g

作法

1. 將醬汁材料調勻備用。
2. 鯖魚皮斜切刀痕後，放入油鍋，撒上薑絲，淋上醬汁，煮滾後再以小火燉煮 15 分鐘，可適時翻面或舀起湯汁淋在魚肉。
3. 花椰菜米炒或蒸熟。青花菜、玉米筍燙熟。
4. 將花椰菜飯、照燒鯖魚、青花菜、玉米筍盛盤即可。

超市採買攻略

鯖魚片　　　　　　花椰菜粒

淨碳水化合物	脂肪	熱量	膳食纖維	蛋白質
6.5 g	57.6 g	638 cal	5 g	21.8 g

鮭魚野菇海帶味噌湯

鮭魚的蛋白質與好脂肪，搭配蛤蜊與海帶的微量元素，加上洋蔥與蕈菇的膳食纖維，再佐以味噌的豐富營養和酵素，成就一鍋簡單也不簡單的好湯。

材料

蕈菇類	100g
鮭魚	180g
蛤蜊	8 顆
海帶芽	10g
洋蔥	50g
薑	2 片
開水	500ml
無糖醬油	10ml
高粱酒	5ml
鹽	適量
蔥花	適量
味噌	15g

作法

1. 洋蔥切絲，蕈菇撥散，鮭魚切適口大小。
2. 將蔥花、蛤蜊、鮭魚、味噌外的所有食材放入鍋中煮滾，再轉成中火。
3. 放入蛤蜊、鮭魚，蓋上鍋蓋，燜煮至蛤蜊開口。
4. 熄火，將味噌加上冷開水拌勻，充分化開後再拌入湯中。

> **Tips** 用這種方式可避免破壞味噌酵素，也較不會沉澱結塊。

5. 調整味道，撒上蔥花即完成。

超市採買攻略

鮭魚丁

淨碳水化合物	脂肪	熱量	膳食纖維	蛋白質
15.5 g	12.1 g	393 cal	3.7 g	53.4 g

酪梨青醬蒜辣鯛魚麵

辣椒、酪梨、青醬，迸發出屬於大人的火花，入口的絕妙滋味令人驚豔。除了使用鯛魚，也可改用鱸魚片，同樣美味。

材料

無刺鯛魚	150g
櫛瓜	250g
酪梨	80g
蒜頭	5g
辣椒	5g
小番茄	40g
橄欖油	30ml
青醬	20ml
（作法請見 p.51）	
鹽	適量
開水	約 30ml

超市採買攻略

鯛魚片

作法

❶ 利用蔬果削鉛筆機或刨絲刀將櫛瓜削成細長條狀，做成櫛瓜麵。

❷ 酪梨切適口大小，蒜頭切片，辣椒切末，小番茄對切。

❸ 起油鍋，以中小火將鯛魚兩面煎熟、表面呈金黃色，盛起備用。

> **Tips** 煎魚的時候不要太頻繁的翻面，避免魚肉破碎。

❹ 鍋內放入橄欖油、蒜片爆香，加入辣椒快速拌炒。

❺ 分次加入少量的水，攪拌一下讓油湯乳化。

❻ 放入櫛瓜麵與青醬拌勻。

❼ 加入酪梨、鹽混合均勻。

❽ 盛盤擺上鯛魚、對切小番茄裝飾即可。

洋蔥鮪魚塔

煎得微微焦黃的鮪魚與洋蔥，是鮮味的來源。利用彩色甜椒圈住美味，為家常菜色添加一份享受。

材料

中型甜椒 ⋯⋯⋯⋯⋯ 340g
橄欖油 ⋯⋯⋯⋯⋯⋯ 適量

▼ 內餡

鮪魚罐頭 ⋯⋯⋯⋯⋯ 150g
洋蔥 ⋯⋯⋯⋯⋯⋯⋯ 50g
青蔥 ⋯⋯⋯⋯⋯⋯⋯ 25g
大蒜 ⋯⋯⋯⋯⋯⋯⋯ 10g
雞蛋 ⋯⋯⋯⋯⋯⋯⋯ 1 顆
起司粉 ⋯⋯⋯⋯⋯⋯ 10ml
鹽 ⋯⋯⋯⋯⋯⋯⋯⋯ 適量
胡椒 ⋯⋯⋯⋯⋯⋯⋯ 適量

作法

❶ 甜椒間隔 2 ～ 2.5cm 切成圈狀，將籽去除，當作固定鮪魚內餡的塔圈。

❷ 將洋蔥切丁，青蔥、大蒜切末。

❸ 將所有內餡材料混合均勻。

❹ 起油鍋，放入甜椒圈，填入內餡，以中小火煎熟即可。

超市採買攻略

鮪魚罐頭

洋蔥

淨碳水化合物 **29.2 g**

脂肪	熱量	膳食纖維	蛋白質
24.5 g	505 cal	6.5 g	41.8 g

Low-Carb

Part 7　減醣甜點

Dessert

淨碳水化合物	脂肪	熱量	膳食纖維	蛋白質
13.7 g	83.3 g	942 cal	13.3 g	29.7 g

低醣紅蘿蔔杯子蛋糕

這款蛋糕的主角雖然是紅蘿蔔，但成品吃起來卻完全沒有紅蘿蔔味，連小朋友都很喜歡！可作為野餐、聚會、派對上的小點心，或是於表面裝飾上鮮奶油與巧克力，視覺與風味再升級。

材料

紅蘿蔔丁	100g
烘焙杏仁粉	100g
洋車前子粉	5g
無鋁泡打粉	5g
肉桂露或肉桂粉	少許
核桃	5g
無鹽奶油或橄欖油	30g
赤藻糖醇	35g
雞蛋	1 顆

作法

1. 將所有材料放入果汁機中，啟動果汁機讓食材充分攪打混合均勻成蛋糕糊。

2. 烤箱預熱 180℃。蛋糕模型的四周與底部抹上無鹽奶油（材料分量外）。

3. 蛋糕糊填入小蛋糕烤模中，並將烤模輕敲桌面，震出大氣泡。

4. 放入烤箱，以 180℃烤烘約 25 分鐘。烤好後可用竹籤插進蛋糕邊緣，抽出如無沾黏即代表烤好了。

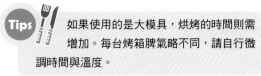

Tips 如果使用的是大模具，烘烤的時間則需增加。每台烤箱脾氣略不同，請自行微調時間與溫度。

5. 出爐後，倒扣置涼再脫模，即可享用。

淨碳水化合物

6.5 g

脂肪	熱量	膳食纖維	蛋白質
5.4 g	576 cal	5.9 g	13.2 g

巧克力&起司香料小餅乾

悠閒假日的嘴饞午後，利用短短的時間就能完成這款好吃的小零嘴，絕對能得到滿足。撒滿了綜合起司香料的小餅乾，鹹香滋味，幾乎無人能抵抗。

材料

▼ 乾性材料

烘焙杏仁粉 ············· 55g

赤藻糖醇 ················ 8g

玫瑰鹽 ················ 少許

可可粉 ················ 5ml

▼ 濕性材料

橄欖油 ················ 20ml

動物性鮮奶油 ········· 10ml

作法

① 將乾性材料攪拌均勻。

② 在乾性材料盆中，加入橄欖油、鮮奶油攪拌均勻成團。

③ 將粉團分成約 10g 的小圓球再壓扁，約可製作 10 片。

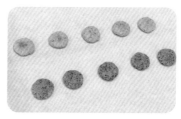

④ 烤箱預熱 160℃，烘烤 15 分鐘，視餅乾軟硬度再悶 5～10 分鐘即可。

Tips 把配方中的可可粉換成等量的咖啡粉，就成了咖啡小餅乾；可可粉換成等量的帕瑪森起司粉，再加入適量的辣椒粉、黑胡椒、義大利香料，就成了鹹香口味的起司餅乾。

低醣提拉米蘇

除了一般常見撒了可可粉的提拉米蘇，也可以藍莓果醬、抹茶粉取代可可粉，創造不同美味吃法。自製藍莓果醬可參考 p.178。

材 料

▼ 乾性材料

手指餅乾 ·············· 130g	赤藻糖醇 ··············· 35g
（見 p.171）	義式咖啡 ············· 250ml
奶油乳酪 ·············· 230g	無糖可可粉 ··········· 適量
動物性鮮奶油········· 230g	（裝飾用）

淨碳水化合物

	脂肪	熱量	膳食纖維	蛋白質
15.6 g	19.4 g	1967 cal	4.6 g	38 g

超市採買攻略

奶油乳酪　　　　動物性鮮奶油

作 法

① 煮一杯義式咖啡備用（或使用市售現成黑咖啡）。

② 將奶油乳酪放於室溫軟化後攪拌至柔軟、無明顯顆粒。

③ 鮮奶油加入赤藻糖醇打發
至有紋路、無明顯流動狀
（像稍微融化的冰淇淋
狀態）。

④ 將步驟 2、3 的材料混合
拌勻至滑順、質地均勻，
製作好乳酪霜。

⑤ 將手指餅乾浸泡在咖啡液中，使其濕潤，餅乾濕潤程度依個人喜好。

 Tips　咖啡液不要一次全倒入，先倒一些，待
餅乾吸收再倒。

⑥ 將濕潤的咖啡餅乾放入容器底部鋪滿一層，再填入一層乳酪霜，再鋪一層餅
乾，再填入一層乳酪霜，放入冰箱冷藏 4 小時以上。手指餅乾用量視容器大
小與預計鋪幾層調整。

⑦ 食用前，利用篩網在表面撒上可可粉。也可以依據個人喜好，抹上花生醬、
藍莓醬，或是抹茶粉等等。

 Tips　使用篩網過篩撒上粉材，會比較
均勻好看。

檸檬
手指餅乾

沒有打蛋器可用湯匙攪拌，沒有擠花袋就用塑膠袋替代，即使沒有專業器具，也可以簡單享受低醣生活。這個食譜也很適合親子手作喔！

淨碳水化合物	脂肪	熱量	膳食纖維	蛋白質
9.6 g	109.3 g	1246 cal	13.9 g	49 g

材料

▼ 乾性材料

烘焙杏仁粉 ‥‥‥‥‥ 130g

赤藻糖醇 ‥‥‥‥‥‥ 35g

無鋁泡打粉 ‥‥‥‥ 1/2 匙

玫瑰鹽 ‥‥‥‥‥‥ 1/4 匙

▼ 濕性材料

融化無鹽奶油 ‥‥‥‥ 30g

檸檬汁 ‥‥‥‥‥‥‥ 5ml

冷藏雞蛋 ‥‥‥‥‥ 3 顆

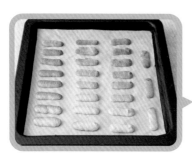

作法

① 將乾性材料攪拌混合均勻。

② 將濕性材料攪拌混合均勻。

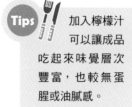

Tips 加入檸檬汁可以讓成品吃起來味覺層次豐富，也較無蛋腥或油膩感。

③ 將乾性材料倒入濕性材料盆中，攪拌混合均勻成粉糊。

④ 將粉糊填充入擠花袋，頂端剪 1cm 的小洞，在鋪上烘焙紙的烤盤上，擠出長條形狀。烘焙後餅乾會膨脹，擠粉糊時需保持間距。

⑤ 烤箱預熱 170℃，烘烤 20 分鐘。若要增加餅乾硬度，烤好後取出冷卻，再以 120℃回烤 5 ～ 10 分鐘。

圈媽料理小教室

如果希望成品更美味好吃，建議使用分蛋法製作。

作 法 ─────────────────────────────

1. 除了赤藻糖醇外的乾性材料混合均勻並過篩。
2. 將蛋白、蛋黃分開，蛋白不能接觸到水、油。
3. 將蛋黃、無鹽奶油、10g 赤藻糖醇混合，用電動攪拌器打發至泛白。
4. 蛋白打發至魚眼泡，加入 10g 赤藻糖醇再打發呈濕性發泡，加入剩餘赤藻糖醇打發至拉起有小彎勾。
5. 將一半的蛋白霜用刮刀放入蛋黃霜，快速輕柔的切拌均勻，避免消泡。
6. 將步驟 5 與剩下的蛋白霜快速輕柔的切拌均勻（過度攪拌會消泡）。
7. 把步驟 1 過篩的粉類均勻撒入，確實從盆底快速輕柔切拌至無乾粉。
8. 將粉糊填充入擠花袋，頂端剪 1cm 的小洞，在鋪上烘焙紙的烤盤上，擠出長條形狀。
9. 烤箱預熱 170℃，烘烤 16 ～ 20 分鐘。

低醣生酮蛋黃酥

將這個食譜配方的內餡蛋黃去除，再加入一些壓碎的核桃、夏威夷豆，就變成一款低醣小月餅囉！

材料（六顆份）

▼ 油皮材料

無水奶油或軟化奶油⋯45g

全蛋⋯⋯⋯⋯⋯⋯⋯ 1 顆

烘焙杏仁粉⋯⋯⋯⋯ 150g

黃金亞麻仁籽粉⋯⋯⋯20g

赤藻糖醇⋯⋯⋯⋯⋯⋯30g

玫瑰鹽⋯⋯⋯⋯⋯⋯⋯少許

▼ 內餡材料

鹹蛋黃⋯⋯⋯⋯⋯⋯⋯ 6 顆

高粱酒⋯⋯⋯⋯⋯⋯⋯少許

椰子細粉⋯⋯⋯⋯⋯⋯25g

無糖可可粉⋯⋯⋯⋯⋯25g

赤藻糖醇⋯⋯⋯ 30g ～ 40g

（依喜好增減）

動物性鮮奶油⋯⋯⋯⋯50ml

▼ 表面裝飾

生蛋黃⋯⋯⋯⋯⋯⋯⋯ 1 顆

無糖醬油⋯⋯⋯⋯3 ～ 5ml

黑芝麻⋯⋯⋯⋯⋯⋯⋯少許

超市採買攻略

動物性鮮奶油　　　無鹽奶油

淨碳水化合物	脂肪	熱量	膳食纖維	蛋白質
4.5 g	34.7 g	385 cal	3.6 g	12 g

（每顆）

作 法 ——————

❶ 將「內餡材
料」的鹹蛋黃
塗上薄薄的高
粱酒，放入烤
箱以 110℃ 烘
烤 10 分鐘，
取出放涼。

❷ 先將「油皮材料」中的乾
粉部分攪拌均勻，再加入
奶油、蛋液翻拌成團，靜
置備用。

❸ 製作內餡。將「內餡材
料」中的椰子細粉、可可
粉、赤藻糖醇攪拌均勻，
再加入動物性鮮奶油攪拌
均勻。

❹ 取步驟 3 的可可內餡 20g，搓圓後利用保鮮膜
壓成薄圓片，將步驟 1 的酒香鹹蛋黃包入中
央，利用保鮮膜收合整形，將蛋黃可可內餡整
圓備用。

⑤ 取出步驟 **2** 的油皮，每份約為 50g，整圓後再利用保鮮膜壓成中央厚、邊緣薄的圓片。包入步驟 **4** 的可可蛋黃內餡，利用保鮮膜收口塑形並整圓。

Tips 塑形要壓按紮實，比較不會裂開。

⑥ 蛋黃和無糖醬油攪拌混合，塗抹在蛋黃酥表面，再撒上黑芝麻。

⑦ 烤箱預熱 170℃，將蛋黃酥放入烘烤 15 分鐘，取出靜置等待稍微冷卻後才可移動。

淨碳水化合物	脂肪	熱量	膳食纖維	蛋白質
13 g	0.4 g	63 cal	2.4 g	0.8 g

自製藍莓果醬

裝填果醬的容器需先清潔乾淨並用熱水消毒，再自然風乾、保持乾燥，避免讓果醬碰到水或油，造成腐敗。製作完成需冷藏保存，並盡快食用完畢。

材 料

新鮮或冷凍藍莓 …… 100g

赤藻糖醇 …………… 40g

檸檬汁 ……………… 20ml

開水 ………………… 10ml

作 法

❶ 將一半分量的藍莓與赤藻糖醇攪拌混合，利用湯匙將藍莓壓爛。

❷ 加入剩下的藍莓，以小火慢慢熬煮並不時進行攪拌。

❸ 待赤藻糖醇融化後，加入檸檬汁與開水，繼續用小火熬煮並攪拌收汁至自己喜歡的濃稠度即可。

淨碳水化合物	脂肪	熱量	膳食纖維	蛋白質
0 g	9.5 g	160 cal	0 g	18 g

超簡單豆花

只要兩種材料就能完成自製豆花，作法也超級簡單，在家就能品嘗純粹風味。夏天搭配上自己喜歡的配料，冰冰涼涼的享用；冬天搭配薑汁，暖胃也暖心。

材料

無糖豆漿 ············ 400ml
吉利丁粉 ············ 8g

Tips
1. 天氣炎熱時放於室溫容易變質，可隔冰水快速冷卻後冷藏。
2. 食用時盡量以平面、片狀式挖取，比較不會出水。

作法

1. 先將 50ml 無糖豆漿加入吉利丁粉，攪拌均勻，靜置 3 分鐘。

2. 將 350ml 的無糖豆漿加熱至微溫，再與步驟 1 混合拌勻。拌勻後可以使用篩網過濾一下，將未完全溶解的吉利丁濾除。

3. 倒入密封盒，蓋上蓋子或是包覆保鮮膜靜置冷卻，盒蓋稍微打開留一個小縫隙，可避免豆花表面結皮影響口感。

4. 冷卻後密封冷藏，要食用時再取出挖取。食用時可搭配無糖豆漿或稀釋的動物性鮮奶油。

抹茶煎餅

一根湯匙就能完成的免烤點心，簡單的步驟，輕鬆帶來美味享受。層層堆疊擺盤，表面再裝飾上鮮奶油，豪華程度不輸坊間甜點店，讓低醣飲食不破功。

材料

▼ 乾粉材料

烘焙杏仁粉 ‥‥‥‥‥‥ 60g
赤藻糖醇 ‥‥‥‥‥‥‥ 30g
抹茶粉 ‥‥‥‥‥‥‥‥ 10g
無鋁泡打粉 ‥‥‥‥‥ 1 小匙

▼ 濕性材料

融化無鹽奶油 ‥‥‥‥‥ 30g
無糖花生醬 ‥‥‥‥‥‥ 25g
動物性鮮奶油 ‥‥‥‥ 40ml
雞蛋 ‥‥‥‥‥‥‥‥‥ 2 顆

作法

1. 將乾粉類材料拌勻。
2. 將濕性材料分別加入步驟 1 的乾性材料盆中，攪拌均勻。
3. 平底鍋薄刷一層油（材料分量外），以小火熱鍋。
4. 使用湯匙舀定量粉糊入鍋，耐心煎。
5. 表面凝結、出現粗氣泡或孔洞時翻面。
6. 再煎約 3 分鐘即可鏟起，可自行堆疊裝飾。

超市採買攻略

動物性鮮奶油　　無鹽奶油

淨碳水化合物	脂肪	熱量	膳食纖維	蛋白質
17.7 g	96.9 g	1084 cal	6.4 g	36.6 g

淨碳水化合物
34
g

脂肪	熱量	膳食纖維	蛋白質
104.3 g	1111 cal	2.5 g	7.6 g

地瓜冰淇淋

不要再誤會低醣不能吃冰淇淋和甜點了,適量攝取優質的原型澱粉是可以的喔!
學會這款超簡單、成分又單純的地瓜冰淇淋,大口安心吃吧!

材料

地瓜泥⋯⋯⋯⋯⋯⋯ 100g

赤藻糖醇⋯⋯⋯⋯⋯⋯ 15g

動物性鮮奶油⋯⋯⋯ 300ml

作法

① 將地瓜泥、赤藻糖醇與 100ml 鮮奶油以攪拌器攪拌混合均勻。

② 慢慢加入剩下的鮮奶油攪打至均勻、濃稠。

③ 倒入密封容器,放入冰箱冷凍 1 小時後,取出再次拌勻。

④ 重複步驟 3 的動作,攪拌、冰凍兩、三次後,再冷凍 8 小時以上即可。

淨碳水化合物
22.2 g
脂肪 115.2 g
熱量 1176 cal
膳食纖維 10.2 g
蛋白質 11.1 g

酪梨奶酪

酪梨除了直接吃、製作酪梨牛奶、沙拉之外，還可以做成營養好吃的酪梨奶酪。
配方中的鮮奶油也可以用無糖豆漿或杏仁奶取代。

材 料

酪梨 ⋯⋯⋯⋯⋯⋯ 100 克
動物性鮮奶油 ⋯⋯⋯ 300g
赤藻糖醇 ⋯⋯⋯⋯⋯ 25g
吉利丁粉 ⋯⋯⋯⋯⋯ 6g
開水 ⋯⋯⋯⋯⋯⋯ 20ml

作 法

1. 酪梨去皮去籽，切成丁狀。將吉利丁粉與開水攪拌均勻。
2. 酪梨丁、100ml 的鮮奶油倒入果汁機，攪打均勻。
3. 將剩下的鮮奶油加熱至微溫，加入赤藻糖醇攪拌融解後，再加入吉利丁糊攪拌均勻。
4. 將步驟 2、3 材料混合，倒入耐熱容器，待冷卻凝固後即可食用。

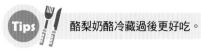

Tips 酪梨奶酪冷藏過後更好吃。

動物性鮮奶油　　酪梨

超市採買攻略

HealthTree
健 康 樹　健康樹 144

日日減醣超市料理攻略

作　　　者　張晴琳（圈媽）
總 編 輯　何玉美
主　　編　紀欣怡
攝　　　影　力馬亞文化創意社
封 面 設 計　張天薪
版 面 設 計　theBAND・變設計— Ada

出 版 發 行　采實文化事業股份有限公司
行 銷 企 劃　陳佩宜・黃于庭・馮羿勳・蔡雨庭・曾睦桓
業 務 發 行　張世明・林坤蓉・林踏欣・王貞玉・張惠屏
國 際 版 權　王俐雯・林冠妤
印 務 採 購　曾玉霞
會 計 行 政　王雅蕙・李韶婉・簡佩鈺
法 律 顧 問　第一國際法律事務所　余淑杏律師
電 子 信 箱　acme@acmebook.com.tw
采 實 官 網　http://www.acmebook.com.tw
采 實 臉 書　http://www.facebook.com/acmebook01

I S B N　978-986-507-166-0
定　　　價　360 元
初 版 一 刷　2020 年 8 月
初 版 三 刷　2020 年 11 月
劃 撥 帳 號　50148859
劃 撥 戶 名　采實文化事業股份有限公司
　　　　　　104 台北市中山區南京東路二段 95 號 9 樓
　　　　　　電話：(02)2511-9798
　　　　　　傳真：(02)2571-3298

國家圖書館出版品預行編目資料

日日減醣超市料理攻略 / 張晴琳 (圈媽) 著 .
-- 初版 . -- 臺北市 : 采實文化, 2020.08
192 面；17×23　公分 .
-- (健康樹系列；144)
ISBN 978-986-507-166-0(平裝)

1. 食譜 2. 減重

427.1　　　　　　　　　　　109009345

采實出版集團
ACME PUBLISHING GROUP

采實文化 **采實文化事業有限公司**
ACME PUBLISHING

104台北市中山區南京東路二段95號9樓
采實文化讀者服務部　收
讀者服務專線：02-2511-9798

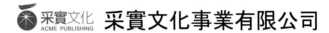

超市料理 攻略

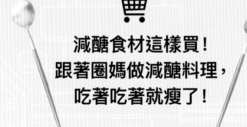

減醣食材這樣買！
跟著圈媽做減醣料理，
吃著吃著就瘦了！

日日減醣

張晴琳
（圈媽）——著

日日減醣超市料理攻略

讀者資料（本資料只供出版社內部建檔及寄送必要書訊使用）：

1.姓名：
2.性別：□男　□女
3.出生年月日：民國　　　　年　　　　月　　　　日（年齡：　　　　歲）
4.教育程度：□大學以上　□大學　□專科　□高中（職）　□國中　□國小以下（含國小）
5.聯絡地址：
6.聯絡電話：
7.電子郵件信箱：
8.是否願意收到出版物相關資料：□願意　□不願意

購書資訊：

1.您在哪裡購買本書？□金石堂（含金石堂網路書店）　□誠品　□何嘉仁　□博客來
　□墊腳石　□其他：＿＿＿＿＿＿＿＿＿＿＿＿＿＿＿＿＿＿＿（請寫書店名稱）
2.購買本書日期是？＿＿＿＿＿＿＿年＿＿＿＿＿月＿＿＿＿＿日
3.您從哪裡得到這本書的相關訊息？□報紙廣告　□雜誌　□電視　□廣播　□親朋好友告知
　□逛書店看到　□別人送的　□網路上看到
4.什麼原因讓你購買本書？□喜歡料理　□注重健康　□被書名吸引才買的　□封面吸引人
　□內容好，想買回去做做看　□其他：＿＿＿＿＿＿＿＿＿＿＿＿＿＿＿＿（請寫原因）
5.看過書以後，您覺得本書的內容：□很好　□普通　□差強人意　□應再加強　□不夠充實
　□很差　□令人失望
6.對這本書的整體包裝設計，您覺得：□都很好　□封面吸引人，但內頁編排有待加強
　□封面不夠吸引人，內頁編排很棒　□封面和內頁編排都有待加強　□封面和內頁編排都很差

寫下您對本書及出版社的建議：

1. 您最喜歡本書的特點：□圖片精美　□實用簡單　□包裝設計　□內容充實
2. 關於低醣生酮的訊息，您還想知道的有哪些？
　＿＿＿＿＿＿＿＿＿＿＿＿＿＿＿＿＿＿＿＿＿＿＿＿＿＿＿＿＿＿＿＿＿＿＿＿＿＿＿
　＿＿＿＿＿＿＿＿＿＿＿＿＿＿＿＿＿＿＿＿＿＿＿＿＿＿＿＿＿＿＿＿＿＿＿＿＿＿＿
3. 您對書中所傳達的步驟示範，有沒有不清楚的地方？
　＿＿＿＿＿＿＿＿＿＿＿＿＿＿＿＿＿＿＿＿＿＿＿＿＿＿＿＿＿＿＿＿＿＿＿＿＿＿＿
　＿＿＿＿＿＿＿＿＿＿＿＿＿＿＿＿＿＿＿＿＿＿＿＿＿＿＿＿＿＿＿＿＿＿＿＿＿＿＿
4. 未來，您還希望我們出版哪一方面的書籍？
　＿＿＿＿＿＿＿＿＿＿＿＿＿＿＿＿＿＿＿＿＿＿＿＿＿＿＿＿＿＿＿＿＿＿＿＿＿＿＿
　＿＿＿＿＿＿＿＿＿＿＿＿＿＿＿＿＿＿＿＿＿＿＿＿＿＿＿＿＿＿＿＿＿＿＿＿＿＿＿